Traité pratique
de l'éducation
du Lapin Domestique.

Nota. La Couverture sera déposée par
les soins de l'éditeur à Paris

TRAITÉ PRATIQUE

DE L'ÉDUCATION

DU LAPIN DOMESTIQUE.

Evreux, A. Hérissey, imprimeur. — 556.

TRAITÉ

DES

BASSES-COURS

ET DE

LA PETITE CULTURE

PAR

LE F. ALEXIS ESPANET.

DE L'ÉDUCATION
DU LAPIN DOMESTIQUE.

2ᵉ ÉDITION
NOTABLEMENT AUGMENTÉE.

PARIS

LIBRAIRIE CENTRALE D'AGRICULTURE ET DE JARDINAGE

QUAI DES GRANDS-AUGUSTINS, 41.

— Auguste GOIN, Editeur. —

1856

PRÉFACE

DE LA SECONDE ÉDITION.

—

Quelques années ont suffi pour épuiser la première édition de ce petit livre, tirée à un grand nombre d'exemplaires.

Voici la seconde, riche d'expériences, de l'expérience des autres jointe à la nôtre.

La question de l'éducation du lapin domestique est jugée : le lapin peut être élevé avec des avantages réels et suffisants, quelquefois même considérables.

Nous avons dû, dans cette édition, profiter de plusieurs observations critiques, répondre à bien des demandes qui nous ont été adressées, et auxquelles des déplacements successifs ne nous ont pas permis de répondre en temps et lieu. Nous avons aussi fait quelques additions importantes.

Parmi le grand nombre de lettres que nous avons reçu au sujet de cette publication, nous en avons remarqué plusieurs où des hommes honorables voulaient bien nous féliciter. On nous disait, par exemple : « Ce livre est d'une grande utilité, il fait du bien et contribue à l'extinction de la misère mieux que beaucoup de théories savantes. »

Cela est vrai, et le bien déjà produit nous encourage à rendre ce petit traité plus pratique encore, en l'adaptant davantage aux besoins du peuple et du petit propriétaire, ou du fermier. Nous voulons, sans en retrancher les méthodes qui s'adressent surtout à l'éleveur en grand, y donner au moindre propriétaire, au plus petit fermier, à l'homme des champs le plus pauvre, les moyens d'élever telle quantité de lapins qui pourvoira à leurs besoins et leur procurera même de l'aisance.

La question de l'éducation du lapin est devenue une question d'économie domestique. Depuis quelques années, le gros bétail, de plus en plus rare ou coûteux, cesse d'être à la portée du pauvre. Sa viande lui est même interdite, à peu près généralement. Comment, en effet, des ouvriers pauvres, des journaliers de campagne, pourraient-ils manger, eux et leur famille, de la viande de boucherie à 1 fr. 40 c. le kilo? Beaucoup de personnes s'en privent ou en usent rarement. Eh bien, le lapin est pour tout le monde une précieuse ressource. Supposez qu'à 7 mois il soit d'un poids net de 2 kilos, c'est-à-dire qu'il pèse 2 kilos une fois dépouillé et vidé, ce lapin coûtera à peu près le prix d'un seul kilo de viande de boucherie, soit : 1 fr. 50 c.

Mais ici se présente une observation que nous recommandons à la sollicitude des amis des classes pauvres. On ne vend

généralement sur les marchés que des lapins de 2 à 5 mois, c'est-à-dire des lapins
dont la chair n'a pas la consistance de l'a-
nimal adulte, une viande non-suffisam-
ment animalisée et par conséquent moins
nutritive. De plus, à cet âge, avant que le
lapin ait acquis tout son développement
organique, il ne peut pas être gras, ni
assez replet. Il est essentiel, au point de
vue de l'hygiène et du bien-être de l'a-
cheteur, que les marchés ne s'approvi-
sionnent que de lapins faits, de 7 mois à
1 an; et nous prions tous ceux qui y ont
intérêt à prendre notre observation en
considération.

Du reste, encore ici, l'avantage du
producteur se trouve d'accord avec l'intérêt du consommateur. Que les éleveurs
veuillent bien faire attention que s'ils
écoulent les lapins encore trop jeunes, de
3 à 5 mois, ils économisent, il est vrai,
3 à 4 mois de nourriture ; mais cette économie est fausse et le calcul est mauvais,
pour deux raisons. D'abord le lapin à cet

âge se vend 50 à 80 centimes et même
1 franc de moins, ensuite on se met en
retard pour les nichées que l'on n'obtient
pas toujours aussi exactement ni aussi
abondamment qu'on le désirerait, à moins
d'avoir un plus grand nombre de mères.

Nous devons dire, en terminant cette
préface, que plusieurs personnes ayant
voulu procéder à l'éducation du lapin sur
une vaste échelle, n'ont pas toujours
réussi à leur gré. Qu'elles veuillent bien
relire attentivement cet ouvrage, et elles
comprendront que, s'il en a été ainsi,
c'est pour l'une des raisons suivantes :
le défaut de soins minutieux, de surveillance directe; l'absence de tenue de livres
pour recettes et dépenses; les races défectueuses ou autres fautes de cette nature. Mais, nous l'affirmons ici de nouveau, le lapin apporte l'aisance dans
les familles pauvres et procure des bénéfices au moins suffisants à l'éleveur.
Les résultats sont toujours en raison directe des soins. Nous ajouterons que l'é-

tablissement des lignes de chemin de fer tend à exhausser les prix de vente du lapin en les égalisant dans les diverses contrées, et en facilitant les transports sur des points éloignés.

Après tout, combien de malheureux éviteraient les maladies et les horreurs d'un travail excédant leurs forces s'ils élevaient quelques lapins pour leur consommation ! Cette nourriture ne leur coûterait rien, puisqu'ils donneraient à leurs lapins les herbes des champs, des chemins, des bois communaux et les ronces, et elle les sustenterait, leur rendrait plus faciles leurs rudes travaux.

INTRODUCTION.

De tous les animaux domestiques, le lapin est celui qui a le moins subi l'influence des soins de l'homme, peut-être parce que ces soins ne lui ont pas été accordés avec la même assiduité qu'ils l'ont été, par exemple, au chien, au mouton, au porc, etc..... Cependant, bien que la chair du lapin ne soit pas aussi digne d'être recherchée par les gourmets que celle de plusieurs animaux de basse-cour, elle n'en est pas moins recommandable aux classes pauvres et aux éleveurs par la fécondité de la race. il est certain d'ailleurs que la chair du lapin acquiert un goût très-délicat par l'engraissement, et par le choix d'aliments féculents et aromatiques. Ces moyens puissants d'amélioration ne sont pas les seuls à notre disposition. On pourrait peut-être, tout en les employant avec persévérance, obtenir de très-beaux élèves à l'aide de croisements avec deux variétés plus belles : le Tolai, ou lapin de Sibérie, plus gros et à longue queue; le lapin d'Amérique, nommé Tapeti au Brésil. Enfin, peut-être obtiendrait-on un plus beau résultat, par la petite espèce de Kangouroo d'Australie, et déjà la société d'amélioration formée en Angleterre s'en est occupée. Nous avons vu l'an dernier, 1855, à l'exposition des animaux à Paris, quelques élèves de lapin d'une grosseur extraordinaire. L'un d'eux, pesant 12 kil., venait d'Angleterre, ainsi que quelques autres sujets qui se faisaient remarquer par leur graisse abondante. Tous ces sujets ont été achetés par des éleveurs français et ne seront pas perdus pour l'amélioration du lapin dans nos provinces.

TRAITÉ PRATIQUE

DE L'ÉDUCATION

DU LAPIN DOMESTIQUE.

Si nous avions à proposer à nos concitoyens une industrie dont la réussite dépendît de moyens coûteux et d'un grand appareil scientifique, nous pourrions justement craindre de ne pas parvenir à les persuader. Mais, loin d'exiger d'eux des déboursés considérables et le diplôme universitaire, nous ne leur proposons que de modiques frais d'installation soutenus par des soins assidus, pour mettre entre leurs mains une source féconde d'aisance et de bien-être, qui doit nécessairement avoir pour effet immédiat l'amélioration de l'exploitation rurale, principe certain de la richesse et de la force des États.

Or, la source d'où jailliront ces beaux résultats est faible et méprisable en apparence : *maximè miranda in minimis*, c'est le *lapin;* oui, le lapin, que la divine Providence, admirable surtout dans les petites choses, a·doué de tant d'énergie vitale et d'une si grande fécondité.

L'industriel, qui l'élèvera sur une grande échelle,

lui destinera sans doute quelque portion de ses récoltes ; le pauvre fermier et le petit propriétaire s'appliqueront aussi à cultiver, pour leur clapier, quelque mauvais coin de terre en friche : mais le pauvre prolétaire, avec quoi le nourrira-t-il? Pour lui les ronces et les épines de la terre se tourneront en bénédiction ; il ira le long des chemins et des terres stériles et délaissées cueillir les chardons, les ronces et les épines dont il nourrira, dont il engraissera son menu bétail de lapins. Il aura surtout grand soin du fumier, qu'il échangera avec le propriétaire contre un peu de son ou d'avoine, et l'industrie rurale y gagnera tout ce que les éleveurs perdront de gêne et de pauvreté.

A la vue des faits que nous produirons, le lecteur partagera sans doute notre surprise et aura peine à comprendre l'oubli et la négligence dont le lapin a été jusqu'ici l'objet. Non pas que déjà l'on ne cherche à en tirer parti, puisqu'il est généralement connu et même élevé, mais parce que la routine seule dirige encore son éducation, ou à peu près.

Et cependant, qui ne sait qu'une lapine peut donner jusqu'à huit nichées de dix petits viables, dans une année? (1) Qui ne sait que les lapins adultes de

---

(1) Il y a des lapines qui peuvent rendre effectivement cela, c'est-à-dire quatre-vingts lapins par an, qu'on vend au moins 100 francs, à raison de 1 fr. 25 cent. ; mais ce n'est pas sur ces cas que nous avons établi nos calculs. Nous les avons basés sur des résultats moindres de moitié, afin d'éviter l'ombre même de l'exagération.

six à huit mois se vendent 1 fr. 50 c. à 2 fr.? Mais aussi personne n'ignore que, s'il y a dans une ferme un réduit obscur et mal sain, un trou humide et sale, c'est aux lapins qu'il est destiné. Eh bien! c'est nonobstant cette incurie que ce précieux animal vit et se multiplie; c'est malgré tant d'ingratitude qu'il apporte quelquefois l'aisance dans une famille.

Un de nos ouvriers nous affirmait dernièrement qu'il a chez lui, sous l'escalier, une lapine dont il a retiré l'an dernier 45 fr. par la vente des petits qu'elle a eus depuis Pâques jusqu'à Noël, c'est-à-dire en neuf mois.

Parcourant la Bretagne, en 1852, nous fîmes connaissance avec un instituteur de village qui, notre *Traité* à la main, avait organisé une petite garenne sustentée par ses soins et ceux de ses élèves. Ces enfants lui apportaient à l'envi des herbes pour les nourrir; il suppléait à ce qui manquait et régularisait ce nouveau mode de subsistance.

Quand les vacances arrivaient, il réunissait quelques notables de l'endroit, leur montrait les comptes de la garenne, et accusait un bénéfice net de 4 à 500 fr., année commune.

Ce bénéfice était partagé : la moitié lui revenait; il se l'adjugeait et l'utilisait pour son usage; l'autre moitié était consacrée à acheter des livres pour donner en prix à ses enfants, et pour couvrir les frais d'une représentation avec collation générale après la distribution des prix.

Il y a quelques années, un pauvre cultivateur,

propriétaire d'une maisonnette et d'un demi-hectare de mauvaise terre, se trouva réduit à une misère complète par une infirmité qui l'empêchait d'aller travailler à la journée. Son malheur était d'autant plus pressant qu'il devait encore 200 francs au maçon. Nous lui vînmes en aide, et voici comment :

Nous lui donnâmes six lapines avec un mâle, mais surtout des instructions pratiques. La loge à cochon fut divisée en trois compartiments avec des branches d'arbres serrées, et l'on y installa trois lapines. Les trois autres trouvèrent place dans une cabane construite en quelques heures et adossée à la muraille. Le mâle demeura libre dans l'unique appartement du rez-de-chaussée, au fond duquel on pratiqua quelques séparations pour la famille à venir.

Les premières nichées ne réussirent pas ; il y eut des avortements, des morts, et par-dessus tout un carnage affreux exercé par un rat. Nous eûmes toutes les peines du monde à rassurer le pauvre homme ; il fallut lui faire violence, l'aider même, boucher des trous et changer des lattes. Et enfin tout alla assez bien depuis le mois de février jusqu'en octobre.

A cette époque, il vint nous faire part d'un immense embarras : il ne savait plus où mettre les lapereaux ; il en avait près de deux cents, nonobstant plusieurs sinistres : il était plein d'espérance.

Sur ces entrefaites, sa femme tomba malade, et, pour comble d'infortune, l'hiver vint le surprendre sans provision d'herbes. Me voilà perdu, cette fois, dit-il : le maçon menace de me faire exproprier, ma femme est au lit, je ne puis pas aller en journée, et ma petite ne peut rien gagner encore.

Il nous eût été facile de faire cesser ces angoisses du moment, en lui faisant vendre ses lapins les plus avancés ; mais il pouvait gagner 50 à 80 fr. sur eux en les vendant deux mois plus tard, c'est-à-dire à la Noël. Lui donner de l'argent, ce n'était pas le moyen de stimuler son courage et son industrie.

A l'œuvre, lui dîmes-nous donc, vous voilà dans une belle passe. A la Noël, vous vendrez vos plus beaux lapins 150 fr.; il faut les engraisser avec les ronces et les épines qui couvrent la terre stérile de vos alentours. En quinze jours, lui et sa petite fille de dix ans en eurent ramassé pour tout l'hiver et au delà. Les glands lui vinrent en aide, et, en vendant un ou deux lapins par semaine, il put soulager sa femme. A la Noël, il en vendit pour 135 fr., et le maçon reçut un bon à-compte Depuis lors, grâce à ses lapins, il n'a plus éprouvé de peines graves. Il vit indépendant dans son honnête pauvreté, et content de ce que Dieu lui a départi en ce bas monde.

Depuis quelques années, encouragé par l'élève du lapin, cet homme, docile aux conseils de son expérience, a augmenté sa petite exploitation. Il se mit à rechercher d'abord des œufs de perdrix au temps des nichées. Il put en réunir quarante-cinq, qu'il fit couver par deux petites poules, et il en obtint trente-deux perdreaux, qu'il éleva avec des œufs de fourmis et des aliments convenables. (*Voir notre troisième traité.*)

Divers particuliers lui en achetèrent la majeure partie, les autres furent mis par paires en volières, et, chaque année, il en retire un petit revenu, auquel il tient beaucoup. Les œufs de la première ponte sont enlevés à temps et lui en valent encore une deuxième et une troisième, qui, ensemble, portent le nombre des œufs à plus de cinquante par femelle. Leur incubation, confiée à de très-petites poules, réussit parfaitement.

Tous les jours, parmi le peuple, des pères, des mères pauvres agitent ces questions : Mettrons-nous notre fille en condition ; l'enverrons-nous à la fabrique ? Notre petit ne serait-il pas en âge d'être garçon de ferme, d'aller gagner quelques sous chez un tel ? Mes amis, que voulez-vous faire ? Votre enfant, votre fille n'ont que douze à quinze ans, et c'est au moment qu'ils ont le plus besoin de vous que vous pensez à vous en séparer. Gardez-les et imitez cet homme : lui et sa petite fille n'ont fait que gagner à rester ensemble et à soigner leurs lapins ; faites de même. Les riches ne mourront pas de faim parce que votre fille n'ira pas leur faire la cuisine ; la fabrique s'en passera de même ; votre petit, quand il sera plus grand et dans l'âge des grands-travaux, n'en trouvera que mieux de quoi s'occuper. Tous deux n'auront pas usé leur santé à des travaux malsains ou trop précoces : ils auront soigneusement conservé les principes de morale que vous leur avez inculqués et ils feront le bonheur de vos vieux jours.

C'est donc avec raison que nous voulons parler à tout le monde, et surtout aux pauvres, de l'éducation du lapin domestique. Nous le ferons avec toute la clarté et la concision nécessaires, sans cependant diminuer de l'intérêt du sujet que nous traiterons avec une scrupuleuse exactitude. Nous préférons cette méthode à des phrases pompeuses et à des promesses outrées. Notre conscience ne se prêtera jamais, par la grâce de Dieu, à une œuvre vaine et décevante.

Bien plus, nous n'avons voulu parler que d'après les données de l'expérience et de la science. Nous ne dirons que ce que nous avons lu dans le livre de la nature, que ce que nous avons observé nous-même depuis bien des années. Pour nous éclairer, nous avons dû faire des expériences, nous avons dû sacrifier bien des lapins ; c'était notre premier devoir. Quand on s'adresse au public, on ne peut pas s'entourer de trop de certitude et de trop de motifs de confiance.

Enfin, l'éducation du lapin assez longtemps a langui sous le joug de l'aveugle routine ; le moment est venu de porter dans les détails de ce sujet intéressant la lueur du double flambeau de la physiologie et de l'économie domestique. Il est aussi venu le moment de s'adresser, non pas seulement aux riches industriels, aux fermiers aisés, mais aussi au peuple pauvre et malheureux, au prolétaire enfin, qui désormais peut avoir sa part au pain de l'industrie privée.

CHAPITRE Ier.

COUP D'ŒIL CRITIQUE SUR LE PASSÉ.

Buffon, et avant lui Pline, Valmont de Bomarre et tous les naturalistes ont parlé du lapin, mais plutôt pour plaire que pour être utiles. Luneau de Boisgermain, Desmarets et M. Redarès se sont efforcés les premiers d'en recommander l'éducation ; mais ces premiers efforts ont été stériles, parce qu'ils ont été trop incomplets. M. Bixio, dans sa *Maison rustique du 19e siècle*, a donné le meilleur article sur le lapin domestique ; malheureusement l'auteur, renfermé dans le cadre étroit des généralités, n'a pu développer ses idées pratiques, ni par conséquent servir de guide à l'éleveur.

Enfin, est venu M. Despouy, qui, donnant un libre cours à son enthousiasme, a si fort vanté le lapin et tellement exagéré les bénéfices qu'il procure, qu'on en a tiré cette conclusion : c'est impossible ! conclusion trop sévère, sans doute, mais malheureusement encore trop admissible.

La petite brochure de M. Despouy (*le Lapin domestique*. Paris, 1838) ne donne aucun fait à l'appui des assertions nombreuses et graves qu'elle contient. Passe encore de prêter des passions à ce pauvre animal, de le faire agir par suite de réflexions ; ce goût poétique est quelquefois un agrément dans un livre de ce genre, et il n'exclut pas nécessairement le *positif* que l'auteur préconise et qu'on cherche vainement dans le sien. Mais, ce qu'on ne peut lui passer, ce sont les erreurs qu'il professe au nom de l'expérience. Nous n'en citerons que deux, mais deux erreurs qui sont trop graves pour ne pas être signalées de suite.

La première concerne le sevrage des lapereaux. « On ne doit pas oublier, dit-il, de retirer les petits au quinzième ou seizième jour. Ce temps est toujours suffisant pour leur éducation première. » (*Le Lapin domest.*, ch. 6.) Pour réfuter cette assertion, nous en appelons tout simplement à l'examen d'une nichée ; on verra qu'à quinze jours les petits ne sortent pas même encore du nid. Sur quinze nichées de printemps que nous avons soumises à cet examen, aucun petit n'était sorti à cette époque, si on en excepte deux d'une nichée qui n'en comptait que quatre, et qui, par conséquent, étaient beaucoup plus forts que ceux des nichées plus nombreuses. Or, cette erreur a les plus graves conséquences. Si, confiant dans les paroles de M. Despouy, on allait s'opiniâtrer à sevrer les lapereaux, non-seulement à quinze ou seize jours, mais même à dix-huit et à vingt, on serait bien enfin obligé d'abandonner ce système ; car on n'en sauverait à peu près aucun.

La seconde erreur concerne l'accouplement. M. Despouy veut que l'on donne la femelle au mâle le jour même de la mise-bas : « On doit lui donner

le mâle, dit-il, le même jour qu'elle a mis bas. »
(*Ibid.* p. 35.) Et il en fait une obligation. C'est même
sur elle qu'il appuie les bénéfices fabuleux de sa
méthode (21,000 francs par an sur cent lapines).

On ne pouvait assurément pas avancer des erreurs
plus opposées à la prospérité d'une garenne domestique. Il n'est que trop facile de le démontrer.

Pour cela, nous avons choisi douze lapines des
plus robustes, que nous avons données au mâle le
jour même de leur mise-bas. L'accouplement fut
normal en apparence, nous le laissâmes répéter chez
toutes. Cependant, quatre seulement se trouvèrent
fécondées ; et après la mise-bas l'une d'elles n'avait
que trois petits ; une autre, qui en avait fait huit, les
laissa mourir après le douzième jour. Les deux nichées restantes s'en tirèrent tant bien que mal ; mais,
pendant le sevrage, il mourut six petits sur quinze,
deux périrent encore vers l'âge de trois mois, les
autres languirent longtemps, et enfin à cinq mois ils
étaient moins gros que d'autres qui étaient plus
jeunes d'un mois.

Cette expérience, ayant été répétée durant une
autre saison, donna à peu près les mêmes résultats.

Nous devons ajouter que dans la belle saison il est
des lapines qui prennent fort bien le mâle le jour
de la mise-bas et peuvent ainsi donner, trois ou
quatre fois de suite, une nichée par mois ; mais elles
s'épuisent facilement alors et leurs petits sont toujours plus faibles que les autres. Cependant on peut
utiliser, et nous le faisons nous-même, cette exces-

sive fécondité de quelques lapines, pourvu qu'on les nourrisse parfaitement, et qu'on se résolve à ne pas réussir toujours. Ce résultat n'a rien qui doive étonner ; car il est contraire à la nature qu'une mère puisse bien et toujours allaiter ses petits, tandis qu'elle en porte de tout formés et prêts à naître.

Il importe donc de se rapprocher de la nature et d'attendre, pour donner le mâle aux lapines, une ou deux semaines après la mise-bas. Ce que l'on perdra en nombre on le gagnera par la beauté des produits.

Il y a donc à rabattre beaucoup de l'assertion de M. Despouy, devant l'argument irrésistible des faits. Pour ses autres erreurs, il est inutile de les énumérer. Il nous suffit d'avoir renversé les bases de sa méthode. Nous avons dû le faire, parce que nous savons que l'ouvrage de M. Despouy, au lieu d'avoir eu un résultat favorable à l'éducation du lapin, a au contraire découragé bien des personnes dont les essais, dirigés d'après ces principes ruineux, n'ont pas eu le succès heureux qu'elles espéraient.

A ces personnes, et à celles qui, n'y voyant que de l'exagération, se sont dégoûtées de l'éducation du lapin ou n'ont jamais eu foi dans ses résultats, nous dirons : Voyez et jugez ; l'exagération doit être combattue par la modération. Vous vouliez vous procurer 21,000 fr. de rente que M. Despouy vous promettait ; vous avez été frustrées dans vos espérances ; vos essais ne vous ont causé que de l'embarras et peu ou point de bénéfices. Eh bien ! prenez-vous-y autrement : au lieu de cent lapines, commencez par cinquante ; au lieu de douze nichées par an, contentez-vous de huit bien dirigées ; et, si vous n'espérez pas 21,000 fr., vous en gagnerez à coup sûr 2 et même 3,000, si vous y apportez des soins persévérants. C'est un peu plus positif.

Mais nous nous adresserons surtout aux personnes qui n'ont pas de propriété ou qui sont même dépourvues de moyens d'existence, et nous leur dirons : Prenez courage, rien ne peut s'opposer à ce que vous vous procuriez d'abord une lapine, vous aurez toujours un coin pour la mettre. Quelle que soit la servitude de votre travail, vous trouverez aussi un moment pour lui donner une poignée d'herbe, pour lui accorder un moment de soins. C'est assez : elle ne tardera pas à être entourée d'une nombreuse famille ; vous la conduirez, autant que faire se pourra, d'après les principes que nous allons exposer ; bientôt vous ajouterez une seconde lapine à la première, et vous aurez déjà là une rente assurée de 100 fr., pour le moins : 100 fr., pour un homme qui n'a rien, c'est beaucoup ! Il en aura 200 avec quatre lapines, comme nous le prouverons invinciblement, et cela sans qu'il se dérange d'un travail de journées, sans autre assujettissement que celui de leur consacrer quelques instants le matin et le soir.

Que, de son côté, le fermier pauvre recoure au moyen facile que la Providence lui présente ; qu'il y mette ses soins et toute son industrie. Bientôt il fumera mieux sa petite terre, il n'en laissera pas un pouce sans culture ; car ses lapins, en lui donnant de l'émulation, augmenteront ses ressources et changeront sa maison de face.

Il n'y a pas jusqu'à l'habitant des villes qui ne puisse, dans des coins de jardin, de cour ou de terrasse, tirer quelque profit de l'éducation du lapin, en petit, et suivant les règles que nous donnerons sur la nourriture. Mais il sera important de veiller à la propreté, ce qui ne sera pas difficile ; puisque, par les soins les plus simples, l'on doit prévenir toute mauvaise odeur, et que l'éleveur trouvera ses intérêts à profiter des fumiers, qui lui rendront au delà de ce qu'il faut pour se procurer une abondante et fraîche litière.

Mais, dira quelqu'un, si tout le monde élève des lapins, personne n'en achètera, et alors où sera le gain ? Examinons cette question.

CHAPITRE II.

RÉPONSE A CETTE OBJECTION : *Mais, si tout le monde élève des lapins, où sera le débit ?*

D'abord, tout le monde ne pourra pas élever des lapins, parce que le plus grand nombre préférera se livrer à une autre industrie, remplir son emploi, etc., et tout le monde ne voudra pas en élever, parce que les hommes ne tombent jamais d'accord sur une même idée, un même projet : *tot capita tot sensus*, ce qui veut dire que tous les hommes n'ont pas la tête sous le même bonnet.

D'ailleurs, les grands centres de population ne pouvant offrir des moyens commodes d'en élever, fort peu de personnes s'en mêleront. Les villes cependant absorberont toujours la majeure partie de la production des campagnes ; car le cultivateur est le père nourricier de la société : *sic voluêre Dii*.

Et puis, ne voyez-vous pas cette bizarrerie de la société, où les hommes les plus laborieux, les plus exposés aux maladies, c'est-à-dire les ouvriers et les agriculteurs, sont précisément ceux qui mangent le moins de viande, quelque nécessaire que puisse être cet aliment pour la réparation de leurs forces épuisées par le travail ou la maladie, et pour l'entretien de leur santé, c'est-à-dire de leur seule richesse ? C'est un abus.

Il cessera du moment que le lapin, cultivé sur une grande échelle, ou, du moins, dans un grand nombre de localités, pourra devenir le supplément indispensable du gros bétail, et offrira, par le prix le plus modique, l'aliment ordinaire du prolétaire comme des autres citoyens. Ainsi, le lapin pourra devenir l'aliment de tout le monde, des pauvres, des riches, des industriels, des prolétaires, des séminaires, des colléges, des pensionnats, des usines, et partout où un régime nourrissant et sain doit ne

pas dépasser les bornes posées par une certaine par-
cimonie.

Or, l'éducation du lapin, d'après les principes
basés sur l'expérience, sur l'histoire naturelle, sur
la physiologie et sur l'économie rurale, telle enfin
que nous l'entendons et que nous allons la développer, peut devenir une industrie importante et
suppléer à la viande de boucherie dont la consommation possible ne serait pas en rapport avec la
production.

Les calculs sur lesquels nous appuyons notre méthode sont des plus simples. Nous prouverons que
cinquante lapines, tous frais d'entretien prélevés,
donnent facilement un revenu de 2,500 francs ; or,
en supposant le prix moyen du lapin à 1 fr. 25 c.,
c'est-à-dire, en supposant au lapin le poids de
3 kilogrammes seulement, il ne reviendrait encore
qu'à 40 c. le kilogramme (1), tandis que le mouton
en vaut 70 ; et quand on réduirait ce prix de 10 c.
pour compenser le poids de la dépouille, elle vaudrait
toujours 20 c. de plus que celle du lapin, dont le
prix dès lors est au niveau des comestibles les plus
usités et à la portée de toutes les bourses.

Par conséquent, tout le monde doit gagner à

---

(1) On remarquera que le prix est communément encore de 50 c.
le kilog., et le poids commun de 3 à 4 kilog. Il en sera probable-
ment encore longtemps ainsi ; et d'ailleurs l'éleveur pourra toujours obtenir des sujets plus beaux, en ne les livrant qu'au terme
de leur croissance. On vend tous les jours des lapins 2 et 3 fr.,
quand ils sont gras et en certaines saisons de l'année.

l'éducation en grand de ce petit animal aussi sobre que fécond. Et l'on pourrait encore abaisser le chiffre du prix du lapin sans nuire réellement à l'éleveur, dont le débouché n'en deviendrait que plus facile, tandis qu'on favoriserait étonnamment le consommateur pauvre, qui trouverait certainement son avantage dans cet aliment.

Indépendamment de son prix très-modique, la viande de lapin est une des plus saines; elle contient une proportion considérable d'osmazôme ou principe actif de la fibrine. C'est à ce principe que la chair des animaux doit ses principales propriétés nutritives. Un lapin, d'ailleurs, se prête à tous les ragoûts et offre, par son mélange à des légumes, un repas aussi abondant qu'économique à toute une nombreuse famille.

Ainsi donc, un lapin de 3 kilog., à 1 fr. 60 c., est environ moitié meilleur marché que la viande de mouton, dont 3 kilog., à 70 c., coûtent 2 fr. 10 c. Il est aussi une nourriture, non-seulement économique, mais saine et vraiment restaurante.

D'un autre côté, l'éleveur en retire toujours à peu près le même bénéfice; c'est celui que nous avons fixé dans cet ouvrage à 50 fr. par lapine et par an, et il a le mérite de tenir compte de l'intérêt d'autrui, tout en soignant le sien; c'est là, sans contredit, le commerce le plus honorable.

Ceux qui craindraient de n'avoir pas de débouché pour leurs lapins n'ont qu'à faire attention à l'insuffisance du mouton : les marchés ont peine à s'en

approvisionner : la viande du gros bétail manque ;
fournissez-en à meilleur marché, en lapins, vous
serez toujours bien venu ; bien plus, vous aurez fait
une bonne action en faveur des pauvres, en faveur
même des riches qui consommeront désormais volontiers vos plus beaux élèves engraissés d'après la
méthode que nous donnerons dans ce traité.

CHAPITRE III.

DU LAPIN SAUVAGE. — VARIÉTÉS DU LAPIN DOMESTIQUE.

Nous n'avons que faire de donner l'histoire du
lapin, de le faire originaire d'Espagne ou d'Asie,
par exemple ; car, de ce que la chaleur lui est favorable dans les commencements de son existence, il
n'est pas nécessaire de conclure qu'il nous vient des
pays chauds. La poule, le canard et tous les petits
animaux de basse-cour, exigent de la chaleur dans
le premier âge pour venir à bien. Le lapin se multiplie autant et peut-être davantage en Angleterre, où
il dévore les récoltes, qu'en Afrique, où le colon
commence à peine à lui déclarer la guerre.

Tout le monde connaît assez les principaux caractères du lapin sauvage. Doué de plus d'instinct
que le lièvre, non-seulement il sait se creuser un
terrier pour s'y tenir chaudement en hiver et s'y
mettre à l'abri de ses nombreux ennemis, mais en-

core il choisit parfaitement le lieu où il doit le creuser. La femelle en travaille un à part pour y déposer les petits qu'elle porte. Là, elle met en œuvre tout le talent d'un mineur et toute la sollicitude d'une mère. Ainsi, elle fait choix d'un tertre marneux ou composé de terre friable facile à percer et assez solide pour qu'elle n'ait pas d'éboulement à redouter ; puis elle y charrie de la paille, du foin, et enfin elle s'arrache des poils du ventre pour envelopper ses petits. Sa nichée sera donc à l'abri de l'inondation, des accidents de terrain et du froid ; mais il faut qu'elle la ravisse aux persécutions du mâle dont l'ardeur est telle, qu'il cherche à détruire les petits tant que leur mère le fuit, et celle-ci ne s'en rapproche que lorsque les petits commencent à sortir du nid, c'est-à-dire vers le trentième jour. Dès ce moment, le mâle peut trouver le terrier de sa famille, il ne lui nuira plus ; aussi la femelle cesse-t-elle de prendre les précautions dont elle s'entourait pour s'y rendre en cachette, le matin et le soir seulement, afin d'allaiter ses petits ; elle ne fait plus de contre-marche, elle ne dissimule même plus l'entrée du nid, elle ne la bouche plus avec de la terre qu'elle foulait même avec ses pattes et sur laquelle elle déposait ses crottins. Bientôt les petits sont assez forts, ils vont chercher pâture en compagnie du père et de la mère, et enfin ils abandonnent le lieu qui les a vus naître.

C'est, autant qu'on peut en juger, vers l'âge de six mois que les petits, devenus adultes, se recherchent et s'accouplent. Mais, avant cette époque,

leur ardeur naturelle les a forcés à l'expatriation ;
ils s'éloignent et se creusent un terrier à part où le
mâle et sa compagne jettent les fondements d'une
famille nouvelle. On en trouve cependant qui, con-
tents du buisson ou du talus dans lequel se trouve
le gîte paternel, y demeurent en y creusant un
terrier latéral.

Quant aux habitudes du lapin sauvage, aucun
chasseur ne les ignore. Le matin au point du jour
et le soir au clair de la lune, on est sûr de les trouver hors de leur souterrain et vagabondant dans les
plus fins pâturages de l'endroit : une fois le soleil
sur l'horizon, ils en disparaissent, et souvent bien
plus tôt pour éviter de fortes rosées ; alors on ne les
revoit plus que dans le milieu du jour et en plein
soleil, sous l'ombre légère de la bruyère ou du romarin. C'est qu'ils aiment le soleil, peut être plus
qu'aucun animal, quoi qu'on en dise. Couchés né-
gligemment sur la pelouse à moitié sèche, ils som-
meillent en grignotant quelque brin d'herbe, et
toujours prêts à décamper au moindre bruit insolite.

Tout l'instinct du lapin est un instinct de fuite ;
il n'a point d'odorat, mais en revanche une ouïe
très-fine et de bonnes jambes. D'ailleurs, vrai syba-
rite des bois, il passe son temps à manger et à dormir, soit dans son gîte, soit au soleil. Mais le
lapin des champs peut-il vivre un moment tranquille
au milieu de tant d'ennemis qui le guettent ? Dès
lors son insouciance n'est qu'un contre-poids à sa
timidité. Le sentier qu'il a parcouru la veille, il le

parcourra demain, après-demain et toujours ; c'est
un routinier renforcé ; sans cela et sans son amour
pour ses aises, il ne serait pas si accessible aux
chasseurs.

On dit que le lapin sauvage vit huit à dix ans ;
nous ne connaissons l'extrait de naissance d'aucun
d'eux ; mais sept à huit ans c'est la durée de la vie
d'un lapin domestique, et cela nous suffit. On peut
cependant croire avec raison qu'il existe une différence en plus pour le lapin domestique devenu beaucoup plus gros, et dont la constitution a été considé-
rablement modifiée par le régime sédentaire et par
son heureux esclavage. Exempts des dangers et des
troubles qui agitent la vie de leurs confrères des bois,
pourvus abondamment de tout ce qui leur est nécessaire, il ne serait pas impossible que les lapins domestiques vécussent un peu plus longtemps que les
autres.

Mais il est une qualité qui les rend beaucoup plus
précieux qu'on ne le croit généralement, c'est la
fécondité. Non-seulement la femelle privée fait à peu
près trois fois plus de petits que la sauvage ; mais
encore elle fait deux et trois nichées de plus par an.
Et, comme nous l'avons dit, il ne dépend que de
l'homme d'en obtenir une tous les mois ; elle s'y
prêtera tout entière, elle s'épuisera, elle mourra
avant la fin de l'année ; à chaque nouvelle nichée,
elle laissera celle qui précède, travaillant toujours
pour avoir des petits, et n'arrivant que rarement à
les sauver, mais elle ne refusera jamais son concours

à l'homme. A l'homme donc de diriger cette prodigieuse fécondité, pour en tirer tout le parti possible; c'est le but principal que nous nous proposons dans ce livre.

Ce serait ici le lieu de décrire les diverses races de lapins domestiques, mais la simple énumération en serait fastidieuse et la description beaucoup trop longue. Chaque département français possède plusieurs variétés de lapins, depuis le rouennais, dont le poids dépasse 6 kilogrammes, dont le poil gris argenté, les longues oreilles, la tête effilée et la croupe vaste et arrondie, en font une des plus belles espèces, jusqu'au niçard de Provence, du même poids, mais au poil fauve, à la tête plus ronde; et, depuis le lapin le plus gros jusqu'à la variété qui ne va pas au delà de 2 kilogrammes, on en élève, à peu près partout, de toute espèce et de toute grosseur.

Nous nous bornerons aux lapins qu'on élève seulement pour la table, et nous ne dirons vers la fin que quelques mots de ceux qu'on élève pour le poil. Toutefois, cela suffira pour permettre à chacun de se livrer à cette industrie.

Une remarque importante à faire sur le lapin domestique, c'est que les hases ou lapines qui appartiennent aux plus belles variétés sont aussi celles qui font éprouver le plus de pertes. C'est dans les grosses espèces surtout que l'on observe des avortements. Chez elles, des mères laissent mourir d'inanition des nichées entières. On y observe encore fréquemment cette aberration d'instinct qui consiste à ne pas s'arracher le poil du ventre pour achever leur nid, ou à se l'arracher après qu'elles ont mis bas. Quelques-unes vont même jusqu'à laisser plusieurs petits hors du nid et dans le fumier. Ces défauts ne sont pas tellement constants que l'on ne trouve chez elles d'excellentes mères, et, nous devons ajouter, des plus fécondes : ainsi nous en avons eu plusieurs qui ne faisaient jamais moins de quinze petits toutes les six semaines, et qui les nourrissaient parfaitement.

Il est bon, dans un établissement cuniculaire, d'avoir de toutes les variétés ; mais, à notre avis, il faut surtout en avoir de communes. L'espèce à longues oreilles, au poil entièrement gris, au long corsage et du poids moyen de 3 à 4 kilogrammes, est sans contredit l'espèce la plus saine, la plus vivace et la plus constamment féconde.

CHAPITRE IV.

ORGANISATION D'UNE GARENNE DOMESTIQUE.

On construit rarement pour les lapins : on craindrait de trop hasarder (1). Nous supposerons donc

-----

(1) A notre avis, le défaut de local, ou la crainte d'élever des bâtiments pour les lapins, est la principale cause de la négligence que l'on met à leur éducation. Juger de l'importance d'un objet par la place qu'il tient au soleil de ce monde, c'est une erreur, hélas ! bien commune.

en premier lieu qu'on veuille utiliser les bâtiments d'une ferme abandonnée, d'une maison, etc... Ne parlons pas du grenier dont l'utilité est incontestable, ni même de quelque espèce de cave pour la conservation des racines. Chaque appartement, indépendamment des croisées pour donner du jour, sera percé de plusieurs trous à fleur de terre pour faciliter le renouvellement de l'air. On placera devant les fenêtres, grandes et petites, et à toutes les ouvertures, un grillage assez serré pour s'opposer à l'introduction des rats, des belettes et autres animaux qui détruiraient les nichées. Pour le même motif, il faudra visiter les murs et le plafond pour n'y pas laisser le plus petit trou.

On procèdera ensuite à la construction des loges pour les femelles et les mâles et des compartiments pour les lapereaux à venir. La loge d'une femelle doit avoir environ un demi-mètre de large sur un mètre de long, et près d'un mètre et demi de haut. Pour dix loges de lapines, il y aura une loge de mâle ; elle devra être placée de manière qu'elle ne touche ni à la loge d'une femelle, ni à celle d'un autre mâle. C'est une précaution nécessaire pour obvier aux troubles qu'occasionnerait toute espèce de voisinage. Les loges ne sont pas fermées par le haut, la hauteur des côtés suffit pour empêcher les lapins d'en sortir. Les parois sont en planche en bas, ou mieux en treillage assez serré, jusqu'à la hauteur de 40 centimètres, pour empêcher les petits de sortir ; car ils se glissent par le moindre trou dès qu'ils commencent à quitter le nid. Le reste des parois ainsi que le haut de la porte des loges doivent être en treillage ou en grillage assez large pour faciliter l'accès de l'air ; car il faut que l'air se renouvelle incessamment : *aer*, *pabulum vitæ*, a dit Hippocrate ; c'est-à-dire que sans air on ne peut pas vivre.

Dans la construction des loges et dans la fermeture des portes et fenêtres, la toile métallique sera d'une économie véritable, étant beaucoup meilleur marché que le grillage fait à la main. On en trouve de toute force et de toute dimension.

Toutes ces loges occuperont le pourtour d'un ou deux appartements, et le milieu en sera destiné à une galerie ou grande loge ; son treillage sera assez serré pour ne pas laisser passer un lapereau de quatre à six semaines, et séparé de tous côtés des loges latérales par une allée assez large pour qu'on puisse en ouvrir facilement les portes et enlever le fumier. Cette loge commune ou galerie servira aux petits à mesure qu'on les séparera de leur mère ; elle sera divisée par compartiments de 1 à 2 mètres carrés, servant chacun à une vingtaine de petits.

On divisera un autre appartement en quatre compartiments avec des treillages convenables ; chacun de ces compartiments sera subdivisé de la même manière, au moins en deux parties. Les lapereaux qui seront assez forts pour être tirés de la galerie du sevrage seront placés dans les compartiments de cette troisième salle. Mais, comme on devra les faire passer de l'un à l'autre à mesure qu'ils grandiront, il faudra que ces compartiments soient graduellement plus spacieux, en commençant par le premier qui reçoit les plus petits lapereaux. Enfin, on aura quelques recoins où l'on mettra les lapins à l'engrais, ceux que l'on réserve pour la production, etc...

Telle est la plus simple et la plus favorable organisation d'une garenne domestique : système cellulaire pour les mâles et les femelles, et divisions pour les lapereaux de divers âges. Ce système n'est pas neuf, on l'a appliqué aux cochons avec succès, et si dans quelques localités il ne répond pas aux espérances qu'on en avait conçues, c'est qu'il n'a pas été suivi avec exactitude. C'est par l'isolement que les animaux sont placés dans les meilleures conditions de paix et de prospérité : ils mangent tranquillement leurs rations sans qu'un compagnon turbulent ou vorace vienne les leur disputer à chaque repas; ils dorment et reposent à l'aise sans inquiétude et sans trouble. Mais on peut affirmer qu'aucun animal n'en a plus besoin que le lapin à l'état de domesticité. Son amour pour ses aises en font, malgré son insouciance, un égoïste déterminé, toujours prêt à se battre quand il est parvenu à l'âge où il peut discerner le sexe des autres lapereaux, et où lui-même commence à ressentir les premières influences du sien.

En effet, à peine ont-ils trois mois qu'on les voit se flairer, se poursuivre et se taquiner les uns les autres, et quelques-uns le font avec un certain acharnement. Comme il est impossible d'étendre le système cellulaire jusqu'à eux, nous avons pris le parti de séparer les mâles des femelles au sortir du sevrage. Dès ce moment il n'y a plus de combats parmi eux, et ils peuvent passer successivement depuis le premier *commun* jusqu'à celui des adultes sans dispute et dans une entente cordiale inaltérable, pourvu toutefois que l'on n'opère plus de mutations dans les communs où les lapins ont plus de deux mois ; car un nouveau sujet introduit parmi eux serait l'occasion d'une bataille générale, qui se terminerait par des coups de dents meurtriers. D'ailleurs, les lapins semblent animés d'un instinct qui les désunit pour les disperser et les répandre en les multipliant. Ils ne savent faire usage de leurs dents que pour s'entre-déchirer, et jamais contre aucun animal qui vient les attaquer, voire un rat, un crapaud. Quand il se pincent une touffe de poils, ils arrachent souvent aussi un morceau de peau et toute une lanière, ce qui rend bien vite la plaie incurable.

Ainsi donc les lapins, s'ils croissent ensemble, peuvent vivre en paix comme de vieux amis jusque vers six mois, pourvu qu'on ne jette pas parmi eux la pomme de discorde, un intrus quelconque et surtout un individu d'un sexe différent.

Le système cellulaire doit rigoureusement être appliqué à tous les sujets destinés à la reproduction. Nous avions mis vingt lapines ensemble, dans une salle avec des cases à nicher. On les voyait se courir sus, les unes et les autres, sans se laisser ni paix ni trève. Sitôt qu'elles voyaient l'une d'elles charrier de la paille pour faire son nid, elles l'entouraient, la pressaient, la suivaient jusqu'à sa case et y pénétraient en son absence. Souvent elles lui arrachaient la paille ou le poil qu'elle portait à la gueule ; et enfin elles la serraient de si près que, quand cette lapine était parvenue à construire son nid, alternativement travaillant et combattant, ses petits étaient presque aussitôt victimes de la curiosité, qui sait? ou de la jalousie des autres : leurs petits cadavres ensanglantés jonchaient l'appartement au grand déplaisir de la mère, qui en demeurait plusieurs jours triste, en attendant peut-être de prendre sa revanche.

Nous avons même vu des femelles faire leurs petits durant une chaude mêlée, ou avorter par suite de coups ou d'accès de colère.

Enfin, pour parler sérieusement, il est difficile d'élever des lapines en commun ; peu de nichées viennent à bien. On ne peut tenir une note exacte des jours où chacune d'elles a pris le mâle; on est obligé de laisser celui-ci libre parmi les lapines, et c'est une nouvelle source de rixes et de jalousie, même quand on lui mettrait un collier pour l'empêcher de parvenir jusqu'aux nichées.

A ce propos, nous allons parler spécialement du mode adopté par beaucoup de fermiers, et dans lequel le mâle occupe une loge, en société avec un nombre déterminé de femelles.

Ici, l'éleveur n'a pas la peine de les mettre au mâle et de les ôter, de tenir compte des jours de mise-bas et de sevrage ; il y a même une économie d'espace. Cette méthode convient à tous les éleveurs, grands et petits ; mais elle n'exige pas moins de soins et de surveillance, et demande un choix plus sévère des sujets.

On choisit une loge qui ait de superficie environ 50 centimètres carrés par sujet, car il faut de l'espace pour eux et pour les lapereaux à venir. Six à sept femelles et un mâle peuplent cette loge. Sur l'un des côtés est le râtelier, et l'on adosse, aux deux côtés où n'est pas la porte, les boîtes à nichées, à moins qu'on ne préfère des petits compartiments en briques. Dans ce cas, on les recouvre avec une planche mobile qui permet au surveillant de reconnaître l'état des nichées, de nettoyer ces petits compartiments, etc...

Le mâle, vaguant librement parmi ces femelles, doit pourtant être empêché de pénétrer dans les petits compartiments par l'ouverture qui donne passage aux mères. A cet effet, on met un collier au mâle ; ce collier doit être en fer-blanc, ou mieux en anneaux de fer ou de cuivre entrelacés, car les colliers de cuir sont fréquemment rongés. On adapte au collier un anneau solide où l'on puisse passer, en forçant un peu, une baguette en bois de l'épaisseur du pouce, assez forte, en un mot, pour que le lapin, en s'efforçant contre les trous, ne puisse pas le casser.

Les choses ainsi disposées, on se borne à faire la distribution en variant la nourriture, à entretenir

une grande propreté par le renouvellement fréquent
de la litière, et à surveiller les nichées.

Chacun des petits compartiments est muni d'un
trou qui laisse passer juste la lapine. Il faut trois
compartiments pareils à nichées pour deux lapines.
Dès qu'on en aperçoit un dont le trou est bouché par
de la paille que la lapine y entasse, on est autorisé à
croire qu'elle a mis bas. Dès lors il faut relever un
peu la planche qui forme la paroi supérieure du
compartiment à nichées, et on examine le nid, non
pour y toucher ou y rien déranger, mais pour en ex-
traire les petits qui seraient de trop, relativement à
la force et à l'abondance de lait de la mère, pour
voir s'il n'en serait point mort, etc.

Nous ne reviendrons pas sur ce mode d'organisation, qui peut avoir des avantages réels. Il ne faudrait pas en juger par la manière dont il est mis en
usage par quelques fermiers négligents. Quelques-
uns réussissent; le plus grand nombre éprouve des
pertes continuelles par suite de leur incurie, de la
malpropreté, etc... Les essais que nous en avons
faits dans les conditions convenables nous ont bien
réussi : il en sera de même pour les autres. Revenons
à l'organisation générale de la garenne.

Il faut encore que le local qu'on choisira soit sec,
aéré et assez chaud en hiver; il faut du moins que
les petits, une fois séparés de leurs mères, trouvent
dans la galerie qui les reçoit un air sain, et qui ne
soit ni trop froid ni humide. On devra donc utiliser
les cheminées des salles en y faisant un peu de feu

pendant l'hiver, surtout quand le temps est humide (1).

Si l'on avait à construire les bâtiments de la garenne, on se dirigerait d'après les principes que nous venons de poser; mais, dans ce cas, nous avons quelque chose à ajouter. On peut choisir entre deux plans.

Le premier consiste à entourer une cour de bâtiments légers, à charpente simple, et dont le revers unique déverserait les eaux de la toiture en dehors. Deux ailes seraient destinées aux femelles, chacune y aurait sa loge le long de l'un des murs. Vis-à-vis seraient celles des mâles, un pour chaque section de dix femelles. Chaque section comprendrait une lettre de l'alphabet, car il faut que chaque sujet ait son nom et son numéro. Par exemple, pour la première section, le mâle s'appellerait Jeannot et les femelles Abondine, Agoutine, etc. Pour la seconde section, le mâle aurait nom Sultan, et les femelles recevraient par ordre ceux de Babinette, Blanchette, etc. Pour la troisième, le mâle s'appellerait Brutus et les femelles Celluline, Citérine, et ainsi de suite.

Entre les loges des mâles, il y aurait l'intervalle d'à peu près huit loges. Tous ces espaces libres pourraient être transformés en galerie ou grandes loges au moyen d'un treillage. On y placerait, pen-

---

(1) Les branches et les arbustes qu'on leur donne à ronger peuvent être mis en fagot, séchés et conservés pour l'hiver.

dant environ un mois, les petits qui sortent du sevrage. Nous les désignerons sous le nom de *Transitins*. Ils seront lancés à l'âge de trois mois dans les divisions plus avancées; car ils auront déjà passé un mois dans la division du sevrage, comme nous allons le dire. A cette époque on n'a plus rien à redouter pour leur vie; ils peuvent se passer de tout soin particulier.

Dans cet établissement, on devrait installer le sevrage dans trois petits appartements qui occuperaient les trois angles des bâtiments du côté des mères. Ces appartements, pour être plus sains, devraient avoir le sol un peu plus élevé que les autres, être aérés comme eux et munis chacun d'un petit poêle où l'on ferait du feu en hiver, si cela est nécessaire. De cette manière, les petits qu'on sépare de leurs mères pourraient recevoir les soins spéciaux qu'ils exigent, et n'éprouveraient aucune fâcheuse encontre pendant un mois environ qu'on les y retiendrait. Alors l'établissement ne se ressentirait point des rigueurs de l'hiver, qui retarde et diminue souvent les produits lorsqu'on n'a pas d'appartements suffisamment chauds pour le sevrage. Voilà pour les deux premiers côtés des bâtiments.

Les deux autres côtés, divisés par compartiments au moyen de treillages et de grillages (1), contien-

---

(1) Il est plus convenable de faire toutes les séparations avec de la toile métallique. On a l'avantage de voir d'un coup d'œil tout ce qui se passe dans une même salle, et chaque loge comme chaque compartiment, est bien mieux aéré.

dront tous les lapereaux de deux mois et au-dessus, suivant leur âge et leur sexe. Par exemple, un côté sera divisé en quatre compartiments principaux, avec des treillages de 140 centimètres de hauteur, pour que les lapereaux ne puissent pas sauter par-dessus; il faut aussi que les lattes n'aient pas plus de 3 centimètres d'écartement, de crainte qu'ils ne se glissent à travers leurs intervalles.

Ces quatre compartiments seront partagés en deux, afin de séparer les lapereaux mâles des lapereaux femelles. Ainsi, ceux qui proviennent des *Transitins* passeront dans le compartiment des *Primins*, et ainsi de suite dans ceux des *Secondins*, des *Tiercins* et des *Quartins*, en réglant ces mutations de telle manière, qu'au sortir des *Quartins* les lapereaux mâles et femelles, toujours séparés, aient atteint l'âge de cinq mois.

Dans un établissement un peu considérable, de cinquante lapines par exemple, on conçoit que des subdivisions dans chacun des compartiments deviendraient nécessaires, puisqu'il y aurait environ cent cinquante lapereaux dans chacun. On ne leur donne pas une seule fois à manger, on ne se présente pas une seule fois devant eux, sans que leur voracité ne les porte à venir en masse, les uns sur les autres, pour se disputer la nourriture ou se placer le plus favorablement pour la recevoir. Ces manœuvres tumultueuses sont très-nuisibles à leur santé et à leur belle venue. Il faut au moins atténuer ces inconvénients en les plaçant par compagnies de trente ou quarante dans autant de sous-divisions ou loges communes.

Le quatrième côté des bâtiments serait occupé par la division des *Adultes*, c'est-à-dire des lapereaux qui auraient environ six mois. C'est de là qu'ils sont retirés pour la vente; c'est de là qu'on extrait les mâles pour les couper et les mettre à l'engrais; c'est là enfin que l'on prend les plus beaux sujets pour le remplacement des mâles et des femelles, ou pour l'agrandissement de l'établissement. Ces sujets forment ce que nous appelons la *Réserve*. On les place dans deux loges assez spacieuses, destinées, l'une aux lapins, l'autre aux lapines, pour leur donner quelques soins particuliers en attendant de les mettre dans l'appartement des mères, ou des mâles.

Ces deux loges de réserve seront donc placées dans cette partie des bâtiments, ainsi que les loges des lapins à l'engrais. Il y aura aussi un lieu convenable pour exécuter les divers travaux de réparation et tout ce qui pourrait troubler le silence des salles. On y déposera les instruments nécessaires au nettoyage : brouettes, paniers, râteaux, fourches, pelles, balais, racloirs, etc..., et les objets tels que cases à nicher, petites mangeoires, râteliers, etc...

Nous donnerons dans les chapitres suivants tous les développements nécessaires à la confection des loges et à leur équipement, et les instructions détaillées qu'exige la bonne tenue d'un établissement cuniculaire complet.

3.

Le second plan, d'après lequel on pourrait diriger les constructions, consiste à élever d'environ un mètre au-dessus de terre les loges des mâles et des femelles. Le plancher en serait très-uni et incliné pour faciliter l'écoulement des urines. Le zinc ou des briques vernies y seraient plus propres que toute autre chose. Enfin, si l'on voulait une propreté parfaite, il faudrait y passer l'éponge deux fois par jour ; mais cette propreté ne serait pas aussi réelle qu'on pourrait le croire : les urines n'étant pas recouvertes par de la litière, il s'en ferait une évaporation continuelle qui produirait beaucoup plus d'odeur que dans les loges où l'on en met.

D'ailleurs, le fumier est un bénéfice réel qui ne doit pas être négligé. Celui qu'on retire dans le courant de l'année d'un établissement de cinquante lapines, suffit surabondamment pour la culture de deux hectares de terre, dont le produit pourvoit largement à la nourriture de tous les lapins. Pour cela, le fumier doit être enlevé deux fois par semaine en hiver et trois fois en été ; on jette dans l'intervalle un peu de litière fraîche dans les loges pour que leurs habitants soient toujours propres. Ces soins suffisent pour la salubrité de l'établissement ; ils suffisent même pour priver les salles de toute odeur, si l'on a la précaution d'y pratiquer, de distance en distance, des ouvertures de 15 à 30 centimètres de diamètre au niveau du sol. De cette manière, l'air se renouvelle si bien, que les lapins eux-mêmes, à la surface du sol, ne respirent aucun miasme. Et ces ouvertures sont assez petites pour être facilement bouchées avec de la paille, quand il fait mauvais temps.

Lorsque la litière manque, on peut la remplacer par de la marne, de la terre légère et sèche. Cette terre s'imbibe parfaitement d'urine; elle devient un fumier tout aussi bon que celui de litière. Nous préférons même la terre marneuse pour litière, aujourd'hui que la paille et autres substances de ce genre ont augmenté de prix.

Un lapin transforme par an un quintal métrique de paille en fumier, à dater du sevrage jusqu'à la vente, et on pourrait facilement lui en faire transformer ainsi deux quintaux. Qu'on juge de la quantité de paille ou de litière quelconque nécessaire à une garenne où se meuvent dans l'année trois à quatre mille lapins! En ce cas, l'éleveur n'a qu'à calculer le prix de revient de la paille et le prix de vente du fumier, qui est ordinairement plus cher et fort recherché, il aura toujours avantage à faire du fumier de litière s'il le vend; mais s'il le garde pour ses terres, nous croyons pouvoir lui conseiller de se servir de terre ou de marne au lieu de paille; il fumera également bien et n'aura pas de frais de litière.

Dans le plan que nous exposons, on trouvera le plus souvent utile de placer les loges au-dessus les unes des autres contre le mur; on économise ainsi beaucoup l'espace. Les loges ainsi superposées consistent en petites voûtes peu arquées et formées de briques sur plat. Chaque voûte doit avoir de 1 à 2 mètres de long sur 1 mètre de profondeur, et la solidité est parfaite. La hauteur du compartiment formé par chaque voûte doit être de 60 à 80 centimètres.

Nous conseillons les briques sur plat de préférence au zinc, parce que les briques sont plus solides et que le cintre est à peine sensible ; leur épaisseur revient à celle du zinc, qui doit être supporté tout au moins sur un cadre et des traverses. Enfin, les voûtes en briques sont aussi propres.

Pour compléter l'établissement, pour lui donner du moins toutes les conditions de salubrité désirables, la moitié de la cour intérieure sera divisée par compartiments correspondant aux diverses divisions du sevrage, des transitins, des primins et des autres communs. Alors l'on aura comme autant de petites cours dans lesquelles on fera sortir les lapereaux, par un trou pratiqué dans le mur, durant les belles journées. Les ébats qu'ils prennent au soleil, sur l'herbe, sont un des meilleurs stimulants qu'on puisse leur administrer, surtout quand ils sont faibles. Le son d'une cloche ou tout autre bruit perçant suffira pour les faire rentrer, et ils s'y habituent facilement.

Dans l'autre moitié de la cour, on établira de petits parcs portatifs, où l'on mettra à tour de rôle les mâles, les femelles, les nichées, etc..., pour brouter un peu d'herbe fraîche au soleil.

Nous prions le lecteur d'excuser, en faveur de la nouveauté du sujet, les longueurs où nous ont entraîné les descriptions que nous venons de faire : on comprend qu'il a fallu insister, dans un livre, sur des descriptions d'objets dont la simple vue eût suffi pour en donner une idée juste, et que cependant le dessin ne rendrait pas exactement.

Mais d'ailleurs, nous ne prétendons ,astreindre personne à telle ou telle forme d'établissement : il suffit que l'on sache bien, et que l'on soit convaincu, qu'il doit être sain, sec, aéré, suffisamment chaud en hiver dans le quartier du sevrage, et que le système cellulaire est nécessaire pour les sujets destinés à la reproduction.

Quoi qu'il en soit, nous ne terminerons pas ce chapitre sans faire une remarque qui importe fort à la prospérité d'un établissement cuniculaire : c'est que les salles où sont les lapins, mais surtout les femelles, ne soient visitées que le plus rarement possible par des étrangers. Quand la nécessité y oblige, on doit éviter de parler trop fort, de faire des mouvements brusques, etc.... Il est de toute nécessité d'en interdire l'entrée aux chiens et aux chats. Un jour un chasseur entra, suivi d'un jeune chien, dans une salle des mères. Nous étions en ce moment occupé à observer toutes les phases de la mise-bas chez une lapine. Elle venait de faire neuf petits et achevait à peine de lécher le dernier, quand le chien poussa un cri que nous entendîmes à peine. Mais Hamette l'avait entendu : elle sort brusquement de la case en emportant deux petits d'un coup de patte ; essoufflée, éperdue, elle se blottit à nos pieds, et ne put se remettre de sa frayeur que par le prompt éloignement du chien et une poignée d'herbes fraîches qu'elle dévora avec anxiété. Nous replaçâmes

les deux petits dans le nid , nous fermâmes la loge ,
et quand le plus parfait silence fut rétabli , Hamette
acheva de donner ses soins urgents à sa nichée.

Dans une autre circonstance , quelques visiteurs
s'entretenaient tout haut en parcourant les allées des
loges ; arrivés devant celle d'Emérie , occupée à
mettre bas , cette pauvre bête effrayée sortit préci-
pitamment de sa case à nicher ; elle venait de faire
neuf petits , dont deux n'étaient pas encore léchés ;
il fallut la prier , la caresser beaucoup et lui donner
quelque friandise , pour la faire rentrer sur son nid
et achever son opération.

Contentons-nous de ces deux accidents , et concluons que le silence et la paix sont nécessaires. A
chaque heure du jour et de la nuit, il y a des lapines
qui mettent bas , et un bruit inaccoutumé pourrait
amener la perte d'une nichée , un avortement, la
mort de quelque petit , etc.... Concluons donc aussi
que l'on ne doit pas changer , autant que possible ,
les personnes qui sont chargées de leur donner des
soins. Habituées à leur vue , à leur voix , à leurs
manières , les lapines se familiarisent avec elles ; et
quand elles nettoyent leurs loges , elles n'en éprouvent aucune contrariété : ces personnes peuvent
même profiter de ce moment pour leur faire prendre
l'air , les placer quelques instants au soleil sans
qu'elles en soient troublées. On les voit alors rentrer
dans leurs loges avec d'autant plus de plaisir que la
litière fraîche , ou la terre nouvellement changée ou
remuée , les réjouit beaucoup. Un lapin doit toujours
poser le pied à sec.

CHAPITRE V.

MALES.

Un mâle suffit pour dix lapines ; il servirait tous les quatre jours, si on le leur donnait toutes les six semaines ; mais comme il arrive qu'un premier accouplement ne féconde pas, et qu'un bon nombre de lapines sont mises au mâle deux et même trois fois, il s'ensuit qu'un mâle pour dix lapines sert tous les jours ou tous les deux jours, et c'est beaucoup trop si c'est habituel ; d'où vient qu'on doit renouveler les mâles tous les 3 à 4 mois, ou du moins leur donner quinze jours de repos deux ou trois fois par an.

Ce n'est pas que les nichées viennent tellement l'une après l'autre, que cet ordre puisse être rigoureusement observé ; mais il suffit que le lapin se repose de temps à autre : ainsi, il peut encore sans inconvénient servir tous les jours une fois, pendant dix jours, et se reposer autant de temps. D'ailleurs, il dépend de l'éleveur de répartir également ses nichées dans le courant du mois.

En conservant ainsi un lapin pour dix femelles, on le verra souvent encore engraisser, et c'est ce qu'il faut éviter avec soin. Le cas échéant, on le remplace.

Le choix qu'on fait d'un mâle est très-important.

Voici ce que l'expérience nous a appris des qualités qu'il doit avoir. Il ne faut pas qu'il soit trop jeune, parce que sa santé en souffrirait ; il nuirait aussi au but qu'on se propose par sa maladresse. On le choisira âgé de huit mois, et on fera passer dans sa loge quelques lapines destinées au marché. Après cela, on peut se fier à lui pendant environ quatre ans, époque de sa plus grande vigueur, à condition toutefois qu'il offrira les caractères suivants :

Humeur farouche, colère ; mouvements rapides, œil vif, poil luisant ; bien fourré et d'un beau gris-fauve (couleur de lièvre) ; poitrail large, tête conique et proéminence des joues ; enfin une vigueur remarquable. Un lapin de ce tempérament est souvent en alerte, et frappe fort et ferme du talon sur le sol.

En général, il y a profit à entretenir des mâles de la plus belle espèce ; c'est d'eux surtout que dépend la beauté des lapereaux : à la mère la fécondité, le nombre ; à eux la qualité.

Si la loge du mâle était trop étroite, il ne pourrait pas bien prendre ses ébats ; et l'accouplement pourrait se faire attendre ou être incomplet.

Ainsi séquestrés pour le repos de la petite république, les mâles deviennent encore plus alertes, plus méchants, et, il faut le dire, tout à fait féroces. Voici des faits ; car nous avons tout expérimenté, et nous devons en produire parce qu'on sait généralement, ce qui d'ailleurs est vrai, que les mâles qui vivent librement parmi plusieurs femelles ne dé-

truisent pas toujours les nichées et se plaisent même
à caresser les petits quand ils sortent du nid.

Nous avons mis trois petits de deux à cinq mois
chacun dans la loge d'un mâle ; le premier fut dépecé
à l'instant ; le second évita les premiers coups, et
enfin il eut la peau de la tête déchirée depuis l'œil
jusqu'au museau ; le troisième fut éventré.

Un autre mâle fut lâché dans l'appartement des
mères où une loge était ouverte. Il y pénétra bientôt,
renversa le nid de fond en comble et tua les onze
petits qui composaient la nichée. L'un d'eux reçut
dans sa loge une lapine déjà pleire, elle se tenait
toujours blottie sous la litière ; le mâle s'irrita, la fit
lever plusieurs fois, et enfin lui déchargea un coup
de patte qui lui enleva un grand morceau de peau.

Ayant ouvert deux loges de mâles, ceux-ci sor-
tirent et se rencontrèrent. Une lutte mortelle s'engage
aussitôt ; ils s'élancent l'un contre l'autre, se mor-
dent à belles dents, font voler de gros flocons de
poils ; bientôt la peau est entamée, le sang coule ;
l'un d'eux, plus faible, s'enfuit dans un coin où
l'autre va l'assiéger. On ne les sépara qu'avec peine ;
tous deux étaient tellement maltraités qu'il fallut les
remplacer.

Mais, hâtons-nous de le dire, de même qu'en certaines localités les femelles sont plus lâches, plus
faciles à engraisser, en un mot moins ardentes et
moins propres à l'accouplement qu'en d'autres ; de
même aussi trouve-t-on peu de bons mâles dans
certaines contrées. Ils sont lâches, égoïstes et dor-

meurs là où existe un climat humide et froid, et où les herbes sont aqueuses, trop fraîches, maréca-geuses. Cet avis n'est pas à négliger ; car on comprend qu'il est bien plus important d'avoir un mâle ardent qu'un mâle lâche et gras, serait-il deux fois plus gros.

Les lapins s'habituent très-bien à l'isolement ; leur nonchalance naturelle y trouve son compte, et l'éleveur le sien ; car ils ne s'épuisent pas en pure perte, ils profitent bien de la nourriture, et dorment tranquilles au lieu de passer leur temps en expéditions fatigantes et désastreuses.

Les mâles libres, dans les loges où l'on tient plusieurs lapines pour la production, ne paraissent point souffrir du collier qui les empêche d'entrer dans les petits compartiments à nichées ; ils se font aisément à cet instrument de police.

CHAPITRE VI.

FEMELLES.

Il y aurait quelque chose de particulier à dire sur les femelles de chaque race et dans chaque contrée. Nous devons nous borner à ranger les différences principales qui existent en deux grandes catégories, qui les résument toutes ou qui les offrent d'une manière tranchée.

Nous avons parlé jusqu'ici dans la supposition des cas ordinaires, c'est-à-dire des cas où les lapines, soit par leur qualité, soit par l'influence de la nourriture ou d'un climat favorable, donnent une nichée toutes les six semaines ou tous les deux mois.

Nous allons maintenant donner quelques instructions qui se rapportent à toutes les races et à tous les pays. Dans le chapitre suivant, nous parlerons de quelques exceptions assez générales pour trouver place dans un traité.

Que l'on entretienne des lapines de toute espèce et de toute grosseur, ou que l'on se borne à en élever une seule variété, on doit, dans toutes, pouvoir reconnaître les signes de la vigueur et de la fécondité. Ces signes, les voici, tels qu'une observation très-étendue nous les a fait connaître :

Tête effilée (1), croupe arrondie et vaste, cuisses écartées par la grande capacité du bassin, poil lisse, brillant et gris-fauve ; œil vif, allures franches, développement des mamelles, lequel, toutefois, n'a lieu qu'après la première ou la deuxième portée ; embonpoint médiocre, enfin âge moyen de sept mois à quatre ou cinq ans. Nous avons eu des lapines d'un an à deux ans qui, pendant qu'elles allaitaient, avaient des mamelles gonflées et traînantes, de ma-

____

(1) On a prétendu que le développement extraordinaire de l'occidital était un signe de fécondité, c'est-à-dire que la protubérance de cet os, derrière la tête, était la marque d'une plus grande aptitude à l'accouplement. C'est une idée prise aux phrénologues ; elle est, en ceci, sans fondement.

nière à laisser des traces de lait partout où elles pas-
saient.

Pour remplacer une lapine, il faut en choisir une
autre parmi les sujets de la réserve qui présentent
les qualités précédentes au degré le plus marqué ; on
la porte dans la loge du meilleur lapin, et, pour être
plus certain de la réussite, on surveille l'accouplement, ce qui ne demande ordinairement qu'une ou
deux minutes, après quoi on la laisse quelques heures avec le lapin pour l'installer ensuite dans sa loge.

Les défauts matériels qui doivent faire remplacer
une lapine sont l'obésité et la vieillesse. L'embonpoint, on le sait, n'est pas favorable. La vieillesse se
traduit par des signes faciles à apprécier : le poil s'é-
bouriffe et tombe, les ongles s'écornent et s'allon-
gent, les dents s'ébrèchent et noircissent, les articu-
lations se gonflent, les flancs se creusent, le ventre
devient flasque et traînant, la vivacité de l'œil s'é-
mousse, les mouvements sont lourds et les traits
acquièrent un profil dur et anguleux ; mais il ne faut
pas attendre cette époque pour les mettre à la ré-
forme, quatre ans de service sont suffisants : après
ce temps, elles ont encore la chair tendre et il est
très-facile de les engraisser ; plus tard on ne pourrait
pas facilement en tirer parti.

Mais, comme c'est sur de bonnes mères que se
fonde l'espérance de l'éleveur, nous allons entrer
dans quelques détails sur les mœurs des lapines domestiques ; ils aideront à faire des choix heureux et
à ne garder que les meilleures.

Une lapine, médiocrement sauvage, est toujours préférable à une autre trop familière et aux mœurs très-douces. L'expérience nous a appris qu'elles ont souvent beaucoup perdu de l'instinct qui les guide dans les soins qu'elles doivent à leurs petits, et elles sont si gourmandes qu'elles s'inquiètent bien plus de leur manger que de leur nichée. Les lapines craintives et d'une humeur sauvage au contraire, celles qui fuient avec opiniâtreté la vue des visiteurs, sont à peu près toujours d'excellentes mères pleines de sollicitude pour leurs petits. L'excès peut seul être un défaut, parce que dans leur frayeur elles sont en alerte au moindre bruit et tremblent sans cesse pour leur vie. Or, chez le lapin, l'instinct de conservation passe avant tous les autres ; il s'ensuit que, pour se cacher, ces femelles se précipitent dans leurs cases à nicher, foulent, dérangent leur nid et peuvent tuer leurs petits. Pour y obvier, on place une tuile ou une planche dans un angle de la loge ; elles s'y retirent pour s'y mettre à couvert. On n'a plus rien à craindre pour leur nichée.

Une bonne lapine, hors ces cas de frayeur, n'entre jamais dans sa case que le matin et le soir pour allaiter ses petits, encore n'y reste-t-elle que quelques instants. Après y être entrée, elle bouche le trou de la case par dedans ; quand elle en est sortie, elle le bouche par dehors, et souvent avec une telle ardeur, qu'à force d'y tasser de la paille elle se trouve remplie, non-seulement de paille, mais souvent aussi de litière sale et de crottins ; c'est à cause de cela qu'on doit visiter souvent ces cases pour les nettoyer.

Ordinairement, elle ne bouche le trou de la case qu'après y avoir mis bas. Quelques-unes le font plus ou moins longtemps auparavant ; c'est une réminiscence d'un devoir maternel qui leur vient quelquefois aussi pendant qu'elles sont en chaleur. Les lapines dont l'instinct est le plus droit, et par conséquent les meilleures, charrient de la paille avec leur gueule, pour faire leur nid un ou deux jours avant de mettre bas, et ce n'est que durant la journée qui précède ce moment qu'elles s'arrachent du poil pour l'achever. Elles se dépouillent de préférence le ventre, sur les deux lignes latérales occupées par les mamelles ; ce procédé a l'avantage de les découvrir : les petits les trouveront sans peine pour téter.

Il faut se méfier de toute lapine qui ne fait pas son nid, ou qui n'y prépare pas une couche de duvet pour ses petits. Ces aberrations d'instinct s'observent rarement chez de bonnes femelles. On sait que l'état de domesticité affaiblit leur instinct ; mais, quand celui qui touche de si près à la production est altéré, il n'en faut rien attendre de bon. C'est ce que nous avons observé cent fois à nos dépens, et ce qui nous a fait rejeter sans miséricorde de notre établissement certaines variétés fort belles, mais le plus souvent incapables de défrayer le nourrisseur de ses peines.

Les lapines portent trente et plus souvent trente et un jours. Sur dix nichées, quatre viennent le trentième jour et six le trente et unième ; c'est la proportion ordinaire. Il en est pourtant qui retardent d'un jour et ne font les petits que le trente-deuxième jour après l'accouplement ; mais il est tout à fait rare de les voir devancer d'un jour et mettre bas le vingt-neuvième. Nous ne l'avons observé que deux ou trois fois.

On doit tenir note très-exactement de tout ce qui se passe dans l'établissement. Le modèle du tableau, que l'on trouvera à la fin de l'ouvrage, indiquera la manière que nous croyons la plus convenable de prendre, jour par jour, les notes relatives aux nichées et à la mise au mâle. C'est celle à laquelle nous nous sommes arrêté depuis longtemps.

Le vingt-sixième ou vingt-septième jour après l'accouplement, on appropriera donc la loge de la lapine et on lui fera une litière propre, afin qu'elle ne mette pas de fumier dans son nid. On y placera ensuite une case à nicher, que nous décrirons bientôt, et on y mettra un peu de paille sans la presser, car la femelle pourrait bien n'en mettre pas assez.

On peut, dans la belle saison, au lieu de mettre cette case dans la loge, y préparer dans un coin une espèce d'enfoncement en paille, où la femelle fera ses petits. On peut aussi se contenter de retirer la case quelques jours après la mise-bas, ou, plutôt, dès que les petits ont les yeux ouverts, à cause de la chaleur, pour la remplacer par une poignée de paille disposée en arc au-dessus du nid ; cette attention plaît beaucoup à ces animaux, qui aiment extrêmement les coins. De là, le mot *cuniculus* (coin, trou), nom par lequel on désigne le lapin dans la langue latine.

En venant au jour, les petits s'étalent en se tordant et en se retournant continuellement à la manière des vers, sous la langue de la mère, qui les lèche et les approprie parfaitement : c'est l'affaire de moins d'une heure. Elle sort ensuite pour s'approprier elle-même.

On ne doit garder que les lapines faisant habituellement au moins huit petits ; mais, quand elles en font plus de dix, ce qui est très-fréquent, il faut leur en ôter quelques-uns ; sans cela ils ne seraient pas suffisamment nourris.

La santé des mères et la viabilité de leurs petits sont basées sur l'allaitement, dans ses justes proportions avec le nombre des petits et l'époque de la mise au mâle. Nous reviendrons sur ce sujet important. (*Accouplement. — Nichées.*)

Lorsque nous avons, le même jour, des nichées de quatorze et quinze petits avec des nichées de trois ou quatre, ce qui arrive quelquefois, nous sommes dans l'usage d'en ôter quelques-uns aux nichées trop fortes, et, au lieu de les jeter, nous les mêlons à celles qui sont moins nombreuses, et leurs mères les nourrissent fort bien : ainsi les fortes nichées compensent les faibles.

Enfin, il y a un certain agrément à posséder dans un établissement des lapines de toutes robes : blanches, noires, rouges, grises, fauves, tigrées ; mais c'est aux couleurs franchement fauves et sans taches qu'il faut surtout s'attacher, parce qu'elles indiquent plus de vigueur et qu'elles sont plus naturelles.

On croit assez généralement que les lapines abandonnent leurs petits quand on y touche. Nous n'avons rencontré ce cas que deux ou trois fois. Il va sans dire que lorsqu'on a affaire à une lapine aussi susceptible, on l'envoie sans façon au marché. Il n'en est pas de même lorsqu'on change leur nid de place : plusieurs se fâchent et l'abandonnent. On doit y veiller.

Si l'on voyait une mère, bonne d'ailleurs, abandonner ses petits après les avoir faits ou ne les déposer pas même dans un nid, on devrait soupçonner une superfétation : il est probable qu'elle fera d'autres petits quelques jours après. Ces cas de superfétation épuisent les lapines en pure perte. L'on ne peut pas mettre trop de soin pour s'opposer aux accouplements intempestifs ; mais ces cas sont beaucoup plus rares qu'on ne le dit généralement : nous n'en avons encore observé que trois.

Il est vrai que certaines lapines mangent ou tuent leurs petits. C'est qu'après avoir mis bas, elles les lèchent pour les nettoyer et dévorent le placenta, petite membrane charnue qui accompagne chaque lapereau. Or, il arrive que, du placenta au lapereau il n'y a guère de différence, et, d'un coup de dent à l'autre, il n'y a qu'une ligne de distance. Cependant, les rats tuent plus souvent des nichées que les mères.

On attribue faussement aux quartiers de la lune une influence sur la fécondité des lapines. Il existe quelques autres erreurs populaires trop peu importantes pour qu'on s'arrête à les combattre.

Ce n'est pas que nous refusions de croire à des relations entre certains phénomènes terrestres, entre certains faits et l'action du satellite de la terre. Au contraire, les agriculteurs, les jardiniers, les bûcherons doivent ne pas négliger cette influence de la lune à certaines phases sur le fumier, quand on le remue, sur certaines semailles, sur des greffes, sur la taille des arbres, sur quelques récoltes et coupes de bois.

Comment expliquer cette influence extraordinaire? Elle est mystérieuse, encore inexplicable, mais non moins réelle.

CHAPITRE VII.

ACCOUPLEMENT.

Voici, au sujet de l'accouplement, les règles que nous avons adoptées et que nous conseillons dans les cas ordinaires, et surtout dans les pays chauds, secs, montagneux et maritimes.

On peut mettre au mâle le jour même du part une lapine qui, par accident, aurait fait ou conservé moins de quatre petits. Néanmoins, à notre avis, il faut user très-sobrement de cette licence ; car c'en est une, et rarement utile, parce que les femelles s'épuisent ou bien leurs petits restent chétifs.

Pour le plus grand nombre de lapines, il est à propos d'attendre du dixième au quinzième jour après la mise-bas. On les laisse toute une journée dans la loge du mâle, en ayant soin de ne les lui donner qu'après le soleil levé, c'est-à-dire après qu'elles ont fait téter leurs petits. En les reportant le soir dans leurs loges, elles devront trouver à manger ; c'est leur premier besoin. Après l'avoir satisfait, elles allaitent leurs nichées et se reposent à l'aise.

Cette combinaison, pour l'accouplement, pourvoit aux intérêts de l'éleveur aussi bien qu'à la santé des lapines, et elle permet de leur laisser les petits pendant un mois et plus ; ce qui assure complétement leur viabilité.

En suivant cette méthode, on peut obtenir huit nichées par an, et, comme on ne calcule que sur six ou sept, le surplus compense les pertes.

Cependant on ne doit pas s'attendre à ce que chaque fois qu'on met une lapine au mâle, dans ces conditions, on l'en retire fécondée. Il arrivera souvent que le trentième jour arrivé la lapine ne fasse pas de petits. En ces cas, on se trouvera bien d'avoir des lapines en réserve, comme nous allons le dire.

Nous pourrions entrer ici dans des détails sur l'organisation intérieure des lapines, sur les signes de l'accouplement réel et sur plusieurs autres sujets qui s'y rattachent ; mais ces détails et leurs analogues concernant les mâles n'ont rien d'essentiel.

Nous tenant donc dans les bornes d'un traité élémentaire, venons-en à quelque chose de plus essentiel.

Dans le cas où l'éleveur ne pourrait obtenir de ses lapines huit nichées par an, soit à cause des influences extérieures, soit à cause du défaut de race, il devrait changer de méthode et conserver en réserve un nombre égal de lapines à celui qui est en loge.

Soit, par exemple, un établissement de cinquante lapines toutes en loge, et de cinq mâles bien valides ; nous supposons qu'on ne puisse obtenir, de chaque femelle, que six nichées par an, une tous les deux mois, encore qu'on y trouvât son compte, et M. Ravageaux s'en contente (1), on doit pourvoir à un produit plus abondant, et c'est facile.

Indépendamment des cinquante lapines en loges, on en aura cinquante autres, dans des cases beaucoup plus petites ; 40 centimètres carrés suffisent. Chaque lapine y passera, à tour de rôle, son mois de gestation ; elle ne sera mise en loge que deux ou trois jours avant sa mise-bas à la place d'une lapine dont on sèvre les petits le même jour. Ainsi ces loges ne seront jamais occupées que par des mères avec leur nichée ; c'est une économie

______

(1) Voyez, à la fin du livre, une note sur sa *brochure*.

d'emplacement et de matériel. On aura donc réellement cent lapines au lieu de cinquante, mais il ne faudra pas plus de mâles, cinq suffiront toujours à la rigueur, sauf deux ou trois de réserve en cas d'accident.

Sans doute que l'on aura cinquante bêtes de plus à nourrir; mais ces cinquante bêtes peuvent porter à douze le nombre annuel de nichées pour chaque loge, c'est-à-dire que l'on gagnerait quatre nichées sur les établissements les mieux partagés, dont les lapines en donnent huit. Le produit sera de moitié plus fort, et, en supposant qu'on ne puisse en obtenir que dix ou onze, ce qui est possible dans des contrées froides et humides (1), on y trouverait encore un grand avantage, car voici les résultats :

---

(1) Par l'état de domesticité, et problement aussi par l'influence du climat, de la qualité de l'herbe, du froid, etc., le lapin dégénère tellement, que les sujets s'engraissent par le seul progrès de l'âge, et que la plupart des femelles, après quelques nichées, deviennent impropres à la production par excès d'embonpoint. On pourrait assimiler les lapins, dans ces pays, aux cochons qui, dans plusieurs provinces, s'engraissent beaucoup plus facilement qu'en d'autres.

Quoi qu'il en soit, après avoir choisi et mis en loge des femelles de six mois, fort bien organisées, d'une taille allongée et d'un embonpoint très-médiocre, on est tout surpris qu'à travers les fatigues de plusieurs nichées, et à la suite d'un régime d'ailleurs assez sobre, elles changent quelquefois si bien en un an qu'elles paraissent appartenir à une race spéciale et tout autre : leur croupe s'arrondit, leur taille devient massive et leur cou s'embarrasse dans un vaste repli de peau. En cet état, beaucoup de personnes les prennent effectivement pour des sujets d'une race différente, et en font une *race à jabot.*

Il est nécessaire de remplacer ces lapines, avant même que leur jabot ou repli de la peau du cou soit tout à fait prononcé; car, si

4.

Cinquante lapines, donnant chacune sept nichées par an, produisent deux mille quatre cent cinquante lapereaux.

Cent lapines, dont cinquante seraient surnuméraires, comme nous venons de l'exposer, en donnant cinq nichées chacune dans l'année, produiraient trois mille cinq cents lapereaux ; c'est mille cinquante de plus que dans le premier cas. Ce surplus vaut bien la peine d'entretenir les cinquantes lapines surnuméraires.

Pour réussir, il faut beaucoup moins de travail et de fatigue que d'ordre et de surveillance. Il faut tenir parfaitement en règle les notes d'accouplements et de nichées, transporter à temps les lapines des cages dans les loges, et *vice versâ*, et il ne faut que trois ou quatre mois pour faire concorder les accouplements

---

l'on attendait ce moment, on en perdrait un grand nombre par suite du part. Ce jabot est le signe et l'effet d'une surabondance de tissu graisseux dans tous les organes de l'animal. Le cœur, les reins, les intestins, tous les organes principaux sont entourés de graisse, et la gestation, loin de tourner cette surabondance organique au profit des petits, n'a souvent pour résultat que des avortons, ou, quand de telles lapines mettent bas, en supposant qu'elles soignent leurs nichées, elles n'ont ordinairement pas assez de lait pour les nourrir.

Nous venons de dire que si l'on attend trop pour les mettre de côté, on en perdra un grand nombre. En effet, cet excès d'embonpoint les dispose éminemment aux inflammations d'entrailles, et à peine ont-elles mis bas qu'elles périssent, tôt ou tard, d'une péritonite *puerpérale*, comme nous nous en sommes assuré par plusieurs autopsies faites avec soin et en compagnie d'hommes de l'art ; souvent même elles ne peuvent aboutir, et elles meurent par suite de la putréfaction des petits ou par la chute du ventre.

des lapines destinées à se remplacer mutuellement. Enfin, pour ne pas courir les chances d'un accouplement nul, et par conséquent éviter la perte de quelques nichées, on aura toujours quelques lapines pleines parmi celles qu'on destine au marché, pour suppléer au besoin à celles qui n'auraient pas été fécondées à temps.

Il y a plus, on peut ne se débarrasser des femelles qu'après avoir obtenu une nichée de chacune d'elles. Elles seraient disponibles à huit mois, époque où elles ont acquis tout leur développement, et seraient remplacées par d'autres, etc... Cette dernière méthode n'est pas la moins avantageuse.

Voici un autre mode d'organisation secondaire, un moyen supplémentaire d'avoir les nichées les plus nombreuses, avec le moins de frais possible.

Il s'agit de mettre en loge un mâle et sept à huit femelles, et de faire autant de ces réunions que la garenne le comporte. On choisit au besoin des sujets de quatre à cinq mois, qu'on laisse grandir ensemble. Mieux vaut ordinairement composer ces loges de lapines dont on a sevré les petits, de celles dont l'accouplement a manqué, des lapines disponibles en un mot. En ce cas, il faut les mettre ensemble, toutes à la fois, avec le mâle; car si on en met une un jour et une autre un autre jour, il y aura bataille acharnée et beaucoup plus de vacarme.

Ces loges auront environ 2 mètres carrés de superficie, et même moins. Dans la garenne que nous avions en Afrique, nous appelions ces loges des clubs : club de Golconde, club de Chine, etc... Les huit femelles y étaient successivement fécondées par le mâle, et on ne les en retirait qu'au moment où elles étaient vues ramassant des pailles pour faire leur nid. On les mettait alors dans les loges à nichées, et tout se passait ensuite comme pour les autres.

Généralement, dans l'espace de huit à douze jours, la loge était vide, parce que toutes les lapines fécondées avaient été séquestrées pour le part, et on la peuplait de nouveau de la même manière.

CHAPITRE VIII.

NICHÉES.

En donnant la description de la loge d'une lapine, nous avons parlé d'une case à nicher : c'est une boîte de 30 centimètres carrés, ayant la moitié du couvercle libre et fixée seulement par de petites charnières en cuir pour permettre à l'éleveur de visiter les nids. Cette boîte peut être ouverte au fond et derrière, c'est une économie de planches. Dans le devant on pratiquera un trou d'environ 15 centimètres de diamètre à un coin, pour le passage de la lapine. Entre le bord de ce trou et l'autre côté, on fixe une petite auge qui sert de mangeoire pour le son, l'avoine et les menus vivres.

C'est dans cette case qu'elle ne manque jamais de faire son nid. On doit la placer dans sa loge deux ou trois jours avant qu'elle mette bas. Nous avons déjà remarqué qu'on peut toucher aux nichées sans aucun inconvénient ; nous ajoutons qu'on est obligé de le faire, voici pourquoi.

Aussitôt que la lapine est sortie de la case où elle a déposé ses petits, ou du moins aussitôt qu'on s'aperçoit de sa mise-bas, on doit prendre les petits qu'on dépose quelque part, hors de la loge, pour ranger le nid, y ajouter quelquefois du duvet, ôter la paille qui serait mouillée, etc.... Cela fait, on y replace les petits que l'on compte pour en noter le nombre.

Il arrivera souvent qu'on aura à retrancher quelque petit, parce que la nichée sera trop nombreuse ; souvent aussi on en rejettera qui sont mort-nés ou non viables ; tout cela est ordinaire dans les nichées nombreuses. Mais les petits y seraient-ils tous beaux, on devrait encore en ôter pour n'en laisser jamais plus de huit ou dix ; c'est à peine si ce dernier nombre peut être suffisamment allaité.

Si l'on ne donnait pas ce premier soin aux nichées, on pourrait en perdre d'entières, empestées par la putréfaction des petits morts, et, comme il en meurt quelquefois avant qu'ils sortent du nid, il s'ensuit qu'on doit les visiter tous les deux ou trois jours.

Nous avons déjà vu que les petits lapereaux doivent téter pendant environ un mois ; 'mais nous ferons ici une remarque très-importante pour ne donner à l'éleveur aucun sujet de méprise.

L'instinct de la race cuniculine impose une loi à toutes les femelles, d'après laquelle *elles chassent les petits d'auprès d'elles sitôt qu'elles les trouvent assez forts pour se passer de leur lait.* Cette loi, fort louée des chasseurs parce qu'elle tend à multiplier les familles en les divisant et en les morcellant, est au contraire nuisible à l'éleveur de lapins domestiques, parce qu'il a souvent affaire à des lapines qui s'y prennent un peu trop tôt pour chasser leurs petits ; et ceux-ci ne pouvant fuir bien loin, ils sont quelquefois victimes des brutalités de leur mère. Ces accidents sont rares.

Nous écrivons ceci au retour de la distribution du matin après laquelle nous avons sevré les petits de vingt-deux lapines. Parmi eux, s'en trouvaient seize âgés seulement de vingt-trois jours et appartenant à deux mères, Lili et Girondine, qui en avaient tué trois pendant la nuit, en leur cassant les reins ou en leur déchirant la peau du dos. Et parce que Girondine se permet ces atrocités pour la seconde fois, elle a été rayée du catalogue. Lili, qui est d'une race douteuse, a subi le même sort.

Deux causes peuvent les porter à en agir ainsi : d'abord l'instinct dont nous venons de parler, puis la gestation avancée. Et, dans ce dernier cas même, il est rare que les lapines maltraitent leurs petits, quand même ils ne seraient sevrés que la veille de leur mise-bas. Du reste, il est utile de ne point garder celles qui repoussent leurs petits avant qu'on les leur retire.

Pour la durée de l'allaitement de chaque nichée, on ne doit pas négliger ces considérations ; mais les saisons ne doivent pas exercer une moindre influence sur les déterminations à prendre à cet égard. Pendant l'hiver, le froid exposerait les petits à périr s'ils étaient sevrés trop tôt. C'est ce qui nous a fait adopter dans notre pratique la durée de trente à trente-cinq jours pour l'allaitement en hiver, et celui de vingt-cinq à trente jours en été, suivant l'époque de la mise-bas qui doit suivre, et suivant la force ou le nombre des petits.

Mais il arrive souvent que dans la même nichée les uns sont forts et les autres incomparablement plus faibles. Dans ce cas, on sèvre les plus forts quelques jours avant les autres qui, par ce moyen, héritent de tout le lait et deviennent en peu de jours aussi beaux que les autres. Ensuite, ce sevrage successif a un avantage très-grand pour la mère ; c'est que plusieurs ne supportent pas facilement l'abondance de lait après le sevrage. De là des engorgements et des inflammations des mamelles, des dépôts de lait et le marasme. Nous en avons perdu plusieurs par ces accidents après leur avoir retiré brusquement leurs petits : l'une d'elles nous présenta, à l'autopsie, l'induration des mamelles et un dépôt de 125 grammes de sérosité dans la cavité de la poitrine ; nous y trouvâmes aussi une masse de caséum assez consistante du poids de 75 grammes ; tout le poumon gauche était aplati contre les côtes dorsales.

Voici un tableau où est noté le poids de quatre nichées inégales en nombre, mais provenant de mères d'égale force ; il fait ressortir la différence qui existe entre les lapereaux suivant qu'ils ont été plus ou moins bien allaités.

NOMS.	DATE de la mise-bas.	NOMBRE des petits.	POIDS MOYEN de chaque petit au 27e jour.
Abondine	6 mai.	11	110 grammes.
Cuniculine	*Id.*	9	240 *id.*
Hamette	*Id.*	4	320 *id.*
Léporite	*Id.*	2	411 *id.*

Voici un autre tableau qui donne le poids relatif des dix petits d'une même nichée appartenant à Icarine, et pesés au vingt-quatrième jour d'âge.

1er petit............. 297 grammes.
2e *id.*............... 289 *id.*
3e *id.*............... 244 *id.*
4e *id.*... .... 218 *id.*
5e *id.*............... 190 *id.*
6e *id.*............... 169 *id.*
7e *id.*............... 151 *id.*
8e *id.*............... 123 *id.*
9e *id.*............... 114 *id.*
10e *id.*............... 112 *id.*

Les trois premiers furent sevrés le jour même où
on les pesa ; trois autres le furent trois jours après,
et les quatre derniers restèrent avec leur mère jusqu'au trente-quatrième jour, époque où ils avaient
presque doublé de poids.

CHAPITRE IX.

LAPEREAUX DU SEVRAGE ET DES AUTRES DIVISIONS.

Le lecteur connaît déjà la manière de se comporter
à l'égard des lapereaux des divers âges ; nous n'a-
vons donc que peu de choses à en dire ici.

Chaque éleveur, selon la localité et la distribution
des bâtiments où il a établi sa garenne, aura à for-
mer des compartiments pour ne mettre dans chacun
d'eux que des lapereaux du même âge ; plus il mul-
tipliera le nombre de ces compartiments ou loges
communes, et mieux il réussira.

La règle générale que nous venons de poser est
suffisante ; chacun peut distribuer les compartiments
comme il l'entendra, et nous n'avons prétendu que
donner un exemple qui se rapportât à la méthode
que nous suivons, quand nous avons parlé des divisions du sevrage, des transitins, des primins, des
secondins, des quartins, des adultes, de l'engrais et
de la réserve. L'essentiel est que les lapereaux ne

soient jamais trop nombreux dans chaque loge, qu'on sépare de bonne heure les mâles des femelles et qu'on ne fasse aucune mutation dans les communs après l'âge de trois mois, de crainte d'introduire chez eux le trouble et la discorde.

Il faut ménager de telle manière leur passage d'une loge commune dans une autre, qu'ils aient atteint l'âge d'environ six mois quand ils sont parmi les adultes. C'est dans cette division que l'on puise pour les ventes. C'est encore là que l'on prend les plus beaux sujets pour les mettre en réserve, lorsqu'on a quelque mâle ou quelque femelle à remplacer pour la production.

Quelques éleveurs nous ont demandé s'il y avait plus de mâles que de femelles dans les nichées ; pour eux, ils avaient cru le remarquer : nous devons dire qu'il y a autant des uns que des autres, peut-être un peu plus de mâles. C'est, après tout, une circonstance de nulle importance.

Si on a de l'emplacement, des fourrages et ce qu'il faut pour conserver plus longtemps les lapins en garenne, on gagnera beaucoup à ne les porter au marché qu'à sept ou huit mois (1). A cet âge, en effet,

____

(1) L'on doit savoir que jusqu'à huit ou neuf mois un lapin gagne au moins 25 centimes par mois, à dater du sevrage. Ainsi, au sortir du sevrage, un lapereau vaut 25 centimes ; il a alors deux mois. A trois mois, il vaut 50 centimes, etc..... Enfin, à huit mois, il vaut 175 centimes ou 1 fr. 75 c., et il peut augmenter de prix dans cette proportion, encore plusieurs mois, si l'on y prend peine.

ils sont plus gros, s'engraissent plus facilement, et donnent une chair plus nourrissante, parce qu'elle est plus ferme et plus animalisée ; ils sont donc d'un prix plus élevé.

Or, il y a deux sortes de lapins à l'engrais : ceux qui sont entiers et ceux qui sont coupés. Les lapins entiers deviennent moins beaux et moins gras et sont d'un goût moins délicat que ceux que l'on coupe à l'âge de six mois ; car ceux-ci n'éprouvent plus d'autres besoins que ceux de manger et de dormir, deux choses qu'on leur demande uniquement et dont ils s'acquittent à merveille. Quant aux jeunes lapins, on ne doit pas les engraisser avant cinq à six mois ; et, si par aventure ils s'engraissent, leur graisse ne persiste pas ; il arrive même qu'ils périssent de la diarrhée, quand on ne s'en débarrasse pas assez tôt. Après six mois d'âge, il est cependant bien difficile, pour ne pas dire impossible, de conserver dans une même loge plusieurs jeunes mâles ; ils se querellent et s'écorchent sans pitié, et l'on en perd plus d'un par suite des blessures qu'ils se font. Si on ne les porte pas au marché à cette époque, il conviendrait de les couper pour les faire demeurer ensemble, ou bien de les mettre séparément dans de petites loges de 30 à 40 centimètres carrés, qu'on peut suspendre au-dessus du sol, contre le mur, au-dessus des loges communes. La même chose n'a pas lieu pour les femelles.

Au sujet des femelles, nous devons faire une remarque importante, c'est qu'elles ne conservent pas la même fécondité après l'engrais, et, dans la plupart des cas, leur instinct maternel en est affaibli. C'est pourquoi quelqu'un qui, pour monter sa garenne, se pourvoirait de lapines au marché, où l'on n'apporte guère que les sujets engraissés ou les femelles défectueuses, ne pourrait pas compter sur elles, et il se verrait obligé d'en remplacer un grand nombre après avoir perdu beaucoup de nichées ; et en ceci, comme en tout le reste, nous parlons d'après notre expérience personnelle.

CHAPITRE X.

MALADIES. — HYGIÈNE. — MÉDICATIONS.

Le lapin domestique a deux époques critiques, le sevrage et la mue ; mais la mue n'est critique que pour les lapereaux faibles, qui n'ont point été suffisamment allaités. Ceux qui se trouvent dans ce cas, s'ils ne succombent pas durant le premier mois qui suit leur séparation d'avec leurs mères, périssent du deuxième au troisième mois, par suite du travail organique qui a pour résultat la naissance d'un nouveau poil ; et, s'ils échappent à la mort, ce n'est qu'après avoir passé par tous les degrés du marasme ; encore sont-ils plus faibles et plus défaits à six mois que les lapereaux de cinq mois dont l'organisme n'a pas souffert de la privation de lait.

Quand ils sont soustraits trop tôt à leurs mères, les petits peuvent encore souffrir du froid dont ils étaient garantis par le nid, et ils en sont d'autant plus incommodés que le changement opéré dans leur régime alimentaire est plus brusque.

Si à ces causes se joint l'excès de nourriture, qui seul peut tuer les lapereaux les plus robustes, ils ne pourront que succomber.

Enfin leur accumulation dans un seul compartiment nuit à leur santé, parce qu'ils se serrent et se pressent les uns contre les autres, et parce qu'il y en a dans le nombre qui, toujours prêts à faire tout autre chose que les autres, entretiennent le trouble et l'agitation.

Nous craindrions de fatiguer le lecteur par le récit des expériences que nous avons faites pour bien juger de l'influence de ces diverses causes. Nous les résumerons donc en disant qu'elles portent, en trois reprises différentes, sur trois cent onze lapereaux sevrés à diverses époques, provenant de lapines de divers âges et de grosseur différente, et enfin nourris diversement.

Le résultat a été la mort de treize petits, tous soumis à l'influence simultanée des causes énoncées plus haut. Quant à leur action isolée, la plus nuisible c'est celle du sevrage prématuré. Ainsi dix-neuf lapereaux, formant deux nichées et sevrés à dix-huit jours, sont morts dans le marasme avant cinq semaines ; six autres petits, provenant de deux nichées, ont vécu et ont toujours été beaux quoique sevrés au même âge que les précédents, parce qu'ils avaient eu du lait en abondance.

Sur trente-six petits sevrés à vingt jours, quatorze périrent avant d'avoir atteint l'âge de trois mois. Il en est même mort six sur vingt-huit sevrés à vingt-cinq jours pendant le printemps.

La faiblesse des mères vient en seconde ligne, comme cause de mortalité, avec le vice d'alimentation.

Sur quatre-vingt-cinq lapereaux, sevrés du vingt-huitième au vingt-neuvième jour, divisés en deux sections, et provenant de mères trop jeunes et maigres, ou de nichées trop nombreuses, et nourris avec de l'herbe toujours fraîche et de la laitue, qu'on leur jettait à chaque instant du jour, il en est mort dix-sept du premier au second mois, et dix-neuf du second au troisième mois.

Le froid, surtout le froid humide, est plus funeste encore dans le bas âge. Treize petits, bien allaités et fort beaux, sevrés à trente jours et jetés dans un recoin obscur, froid et humide, sont morts presque en même temps, en moins d'un mois ; seize autres, moins forts et qui n'avaient pas été suffisamment allaités, y moururent aussi, mais plus rapidement.

Enfin, de quatre-vingt-quinze lapereaux réunis dans un grand appartement, cinq moururent étouffés. Ils étaient toujours réunis en tas pendant la nuit ; et, quand on leur donnait à manger, ils se pres-

saient avec une ardeur incroyable autour de la nourriture, au point que les petits qui se trouvaient au
milieu s'en trouvaient aplatis.

Allant plus loin, nous avons fait l'ouverture de
tous ceux qui ont succombé. Les lésions que nous
avons observées dans ces petits cadavres, répon-
daient parfaitement à l'idée que l'on doit se faire du
mode d'action des causes morbides auxquelles nous
les avions soumis. Ainsi ceux qui avaient éprouvé
leur influence simultanée, nous ont offert des injec
tions dans toutes les membranes muqueuses, des inflammations et des hépatisations du poumon, des
arborisations de l'estomac et des intestins; tous les
signes d'un typhus, en un mot; car le cerveau était
aussi quelquefois injecté et d'autres fois il était devenu le siége d'un épanchement séreux.

Quand ils étaient morts à la suite d'un sevrage
prématuré ou de causes agissant de la même manière, leurs cadavres dénotaient la cachexie; leurs
intestins étaient encore bourrés de nourriture, et il
s'y joignait, çà et là, quelques vascularisations internes.

Dans les cas de suffocation, nous rencontrions les
poumons et le cerveau gorgés de sang noir, quelquefois sans autre lésion : mais lorsqu'ils avaient succombé au froid humide, nous n'avons rien trouvé
qui différât des ravages de l'hydropisie dont nous
allons parler.

Parvenus vers l'âge de deux mois, époque de la
mue, les lapereaux faibles meurent souvent avec

tous les symptômes de la cachexie séreuse ; le poil se hérisse et tombe, les yeux s'entourent de croûtes, le ventre s'enfle, et ils périssent hydropiques. Dans ce cas, nous avons trouvé de la sérosité, non-seulement dans le ventre, mais même dans la poitrine et à la base du crâne. La vessie était aussi constamment gorgée d'urine, et les membranes muqueuses internes et externes décolorées ainsi que les chairs. On pouvait déjà remarquer, pendant leur vie, la pâleur de l'œil et des babines.

Cette maladie ne s'observe jamais chez les lapereaux qui, après avoir été suffisamment allaités, n'ont pas été soumis aux causes de mortalité que nous avons signalées ; et chez eux l'époque de la mue n'est appréciable par aucun trouble.

L'hydropisie ne se montre plus après quatre mois ; nous ne l'avons du moins jamais constatée après cette époque. Les lapins, à cet âge, résistent déjà à une foule de causes morbides ; et, plus ils avancent en âge, plus ils sont réfractaires à toute espèce de maladies.

Une fois adultes, il faut, pour les faire mourir, les soumettre à l'action des causes les plus délétères pendant longtemps ; encore est-il facile de prévenir leur mort en faisant cesser ces causes à temps : loges malsaines, herbes mouillées, etc., et, en les remplaçant par d'autres d'un effet contraire : habitation saine, nourriture sèche, aromatique et tonique. Règle générale, tant qu'ils ont l'œil brillant, tant qu'ils conservent leur vivacité et que leurs crottins restent durs, on n'a rien à craindre.

La forme et la consistance des crottins sont un signe sur lequel le nourrisseur doit se régler ; s'ils ne sont pas durs et réduits en boulettes, la diarrhée existe ou va se déclarer, et la diarrhée est le précurseur de l'hydropisie ; s'ils sont trop secs, trop luisants et liés en chapelet, il y a irritation.

Dans le premier cas, régime tonique et sec : pain, grains, herbes très-amères, fourrage sec. Dans le second cas, qui est fort rare : laitue, herbes vertes.

Pour les lapereaux sevrés nouvellement, il n'en est pas tout à fait de même. Chez eux, la diarrhée est plus rapidement mortelle et l'hydropisie n'a pas le temps de se déclarer. La diarrhée s'accompagne chez eux d'une urine rare, très-épaisse et d'un rouge foncé, dont on distingue facilement les taches sur leur litière ; leurs crottins sont en même temps mous, et ce n'est qu'à la fin de la maladie qu'ils rendent les excréments liquides ; quand ils en sont là, avec une maigreur squelettique, ils sont perdus.

Les causes probables de cette affection paraissent être le défaut d'air, leur accumulation dans un même local, et surtout une herbe altérée par la fermentation qui se développe très-rapidement quand on la met en tas avant de la distribuer. Ce qui le prouve, c'est que cette maladie ne se montre jamais chez les lapereaux nourris avec de l'herbe bien saine.

des fourrages bien séchés et placés dans un local sec et éclairé.

Quoi qu'il en soit, dès que la mort de quelqu'un d'entre eux est venue éveiller l'attention, ou qu'on a aperçu les taches rouges de leur urine sur la litière, il faut les diviser par bandes de dix à vingt et les mettre dans un lieu très-aéré et d'une température modérée ; ce moyen peut suffire seul (1). On doit y joindre une demi-diète durant un jour, en les bornant à quelques tiges de plantes aromatiques, à quelques rameaux de genévrier, de chêne et de saule. On les met ensuite à un régime plus sec : vesce, luzerne et herbes sèches ou moitié sèches, auxquelles on mêlera des rameaux d'arbres, des choux et quelques herbes fraîches en fleurs, c'est-à-dire des moins aqueuses et des plus nutritives.

Pour les lapereaux plus âgés et les lapins faits, on met encore plus facilement fin aux accidents en leur donnant des pepins de raisins, des croûtes de pain, des plantes fortes, amères et astringentes, telles que : menthe, absinthe, angélique, persil, chardons, argentine, ronce, chêne, sapin, etc....

---

(1) Ayant pris, parmi cent cinquante lapereaux de six semaines, dix petits qui offraient les symptômes de la diarrhée, ils furent placés dans une chambre chaude et élevée (c'était en hiver), et nourris de la manière que nous indiquons ici ; tous se rétablirent en peu de jours. Dans une autre circonstance, la diarrhée se déclara sur plus de trente petits, dans une réunion de cent vingt-deux. Ces moyens suffirent pour arrêter la maladie ; il en était mort quatre ; nous n'en perdîmes plus qu'un après avoir mis ce traitement en usage.

Quand il fait beau, on peut les faire parquer dans la cour. La chaleur du soleil est un excellent remède pour les lapins, et surtout pour les plus jeunes.

Enfin, nous pouvons assurer qu'il dépend entièrement de l'éleveur de les préserver de la diarrhée, à moins qu'un climat humide et un local malsain ne s'en mêlent. Nous avons eu des centaines de petits ensemble sans en perdre un seul, et nous avons élevé des lapins dans certaines contrées où nous n'en avons jamais eu deux malades à la fois.

Quant aux accidents morbides qui peuvent menacer la vie du lapin, après le premier âge, nous ne connaissons que l'enflure du ventre par excès de nourriture, et la fluxion de poitrine, qui ne se traduit que par un petit soupir, espèce de toux toujours incurable, mais heureusement fort rare (1).

---

(1) Nous ne voulons pas dire que les lapins ne meurent pas de maladies autres que celles-ci, mais ces cas sont excessivement rares. Nous avons cité les maladies accidentelles qui peuvent survenir aux lapines après le sevrage ; voici un exemple d'un autre cas :

Il nous souvient qu'ayant un jour fait venir une lapine de fort belle race et pleine, le ballottement du transport pendant un voyage de plusieurs heures lui occasionna une vive inflammation, pour laquelle nous ne lui donnâmes que de la laitue et de la pimprenelle. Au bout de sept jours, les membranes de l'œil s'étaient décolorées ; elle n'était plus oppressée ; son ventre n'était plus résistant et elle ne mangeait presque plus. Le huitième jour, elle eut une perte de sang ; les membranes de l'œil devinrent livides ; une ophthalmie se déclara à gauche. En attendant, nous crûmes à la mort des fœtus, et par suite à une fièvre putride ; médicalement, l'on dirait peut-être typhoïde. Quoi qu'il en soit, nous mîmes la lapine à un régime très-excitant : elle mangeait le thym, la menthe et l'angélique, et un peu de carottes jaunes avec une certaine avidité. Le

Ces deux maladies n'attaquent guère que les transitins. L'enflure provient surtout de ce qu'ils ne savent pas se modérer dans l'occasion. On la guérit facilement en les mettant au soleil, ou devant le feu s'il fait froid, et, dans tous les cas, en les faisant jeûner jusqu'à la cessation du mal. Pour faciliter cet effet, on leur donne quelques tiges de menthe poivrée qu'ils dévorent aussitôt. Ce médicament active la digestion et les débarrasse promptement.

Or, les lapereaux sont d'autant plus exposés à cet accident qu'ils sont très-voraces et toujours disposés à manger, principalement quand ils peuvent changer de nourriture. Ils doivent cette voracité à la maigreur qu'ils conservent jusque vers le cinquième mois, et qui est d'autant plus considérable qu'ils ont été séparés plus tôt de la mère. Modérée, cette maigreur est normale; elle est une suite nécessaire de la croissance. La charpente osseuse se développe avec le système cutané aux dépens des autres systèmes organiques, et c'est pour cela que les jeunes lapins ont le ventre proportionnellement plus gros

---

troisième jour de ce régime, elle rendit une masse de fœtus agglomérés et dans un état de putréfaction avancé, et elle fut guérie.

A ce propos, nous dirons que l'ophthalmie chez les lapines est le plus souvent dépendante d'une autre maladie plus générale : ainsi les lapereaux faibles et cacochymes ont les yeux malades ; ce sont des espèces d'ophthalmies scrofuleuses, tandis que la lapine dont nous venons de parler avait une ophthalmie putride : c'est que la membrane muqueuse de l'œil est très-étendue chez les lapins ; elle offre un vaste bourrelet, qui fait comme une seconde paupière, et elle n'en est que plus disposée à s'affecter.

que les adultes (1). Bientôt le système musculaire se développe, et ils n'en deviennent que plus robustes et mieux disposés à engraisser.

Les considérations physiologiques et pathologiques dans lesquelles nous sommes entré jusqu'à présent sont de la dernière importance pour la bonne direction d'un établissement cuniculaire. L'éleveur, une fois mis sur la voie par notre travail, aura souvent l'occasion de s'en convaincre, et l'expérience ne tardera pas à lui rendre ce Traité utile ; car l'expérience personnelle est préférable à tous les traités, quelque parfaits qu'ils puissent être.

Nous n'avons pas jusqu'ici prononcé le nom d'épidémie. Les lapins en seraient-ils exempts ? Nous croyons que les lapins sont soumis aux épizooties, comme les moutons et autres animaux, par là même qu'ils *sont mortels*, et qu'ils sont, comme eux, soumis à tous les agents morbides; mais, pendant longtemps, nous avons pu nous occuper de lapins, en Afrique et en France, et nous pouvons assurer que les épidémies de lapins, pour peu que l'on suive à leur égard les règles de l'hygiène, sont au moins aussi rares que

---

(1) Jusqu'à l'âge de quatre à cinq mois, les lapereaux sont et doivent être maigres ; ce n'est qu'après cinq mois que les organes abdominaux sont le siége d'un travail organique, dont le résultat est de produire un sang plus riche, d'où le développement des système musculaire, graisseux et reproducteur. Un lapin qui engraisse à l'âge de quatre à cinq mois est dans un cas anormal ; la diarrhée le menace de près ; elle se déclare souvent : *il se fond*, disent alors les gens de la campagne. C'est une vérité pathologique revêtue d'un langage populaire.

chez les poules. Nous avons vu parmi eux beaucoup de malades, et quelquefois toute une division ; mais toujours nous avons pu rapporter ces maladies à une cause saisissable qu'il était facile de faire disparaître, et dont la cessation éloignait la mortalité ; et une maladie de ce genre n'est pas une maladie contagieuse, à cause occulte, selon le sens formidable qu'on donne au mot épidémie dans ce cas.

Sevrez cent lapereaux à vingt jours, il en mourra cinquante avant l'âge de deux mois, peut-être en une semaine. Est-ce à dire qu'il y a épidémie dans le sens vulgaire ?

Placez cent lapins adultes dans un cloaque infect et obscur, et donnez-leur de la laitue, ils mourront diarrhéiques ou hydropiques au bout d'un mois. Est-ce à dire qu'il y a épidémie ?

Qu'en automne, après avoir mangé du vert tout l'été, on mette toute la garenne à un régime diamétralement opposé, infailliblement il mourra un certain nombre de lapins en peu de temps, par l'effet du brusque changement de régime. Il n'y aura pas là maladie contagieuse, mais maladie qu'on eût dû prévoir et éviter, et qu'on peut éliminer.

Il en est de même à nos yeux pour les cas prétendus de maladies contagieuses ; nous n'en connaissons que par des *on dit*, sans que nous soyons cependant autorisés à nier des épizooties cuniculaires telles qu'on le dit ; nous les ignorons.

Enfin, les lapins boivent ; c'est une observation

faite par nous dans le midi, et surtout en Afrique. Nous avions bien constaté la même chose dans le nord de la France ; mais boire n'était pas un besoin réel pour le lapin, tandis que dans le midi c'est une nécessité ; non pas qu'ils en souffrent ou paraissent en souffrir beaucoup, mais c'est qu'ils s'en portent mieux. A cet effet, nous avions fait de petits abreuvoirs composés d'une pierre carrée, creusée dans le milieu et pouvant contenir un verre d'eau au plus. Le poids de ces abreuvoirs empêchait les lapins de les renverser. On les remplissait et les nettoyait chaque fois qu'on nettoyait les loges.

Il nous faut maintenant donner un aperçu des plantes champêtres qui peuvent servir de remède ou devenir un poison pour le lapin.

PLANTES VÉNÉNEUSES.

La *grande ciguë* et la *digitale*, qui ne se trouvent pas dans le midi de la France ; la *belladone*, qui habite les lieux humides et ombragés ; le *stramonium*, qui fréquente les champs cultivés, mais le plus ordinairement les jardins, ainsi que la ciguë des jardins ; le *gouet* (pied de veau) et la plupart des plantes de cette famille (aroïdées), qui se montrent surtout dans les haies et les taillis ; l'*euphorbe* (tithymale, réveille-matin...) ; l'*épurge* et toutes les plantes de cette famille (euphorbiacées), qui croissent dans les bois comme dans les champs cultivés : voilà les plantes vénéneuses les plus communes.

Il est inutile de nommer celles qui ne se trouvent que dans les jardins, comme l'*aconit-napel*, ou même la mercuriale, dont ils ne mangent jamais. Il est bon que l'éleveur fasse connaître ces plantes aux personnes qu'il emploie pour ramasser de l'herbe, afin qu'elles n'en cueillent point; il serait à craindre que les lapins, privés par la domesticité d'une partie de leur instinct, n'en mangeassent : ils en mourraient certainement. Il est vrai de dire qu'ils refusent généralement d'en manger. La ciguë est la plante qui leur répugne le moins, mais la plupart n'y reviennent pas après en avoir brouté quelques folioles; et, pour preuve, nous venons d'en présenter à Œdipe, qui est un vieux mâle expérimenté : il nous a arraché la plante des mains et l'a foulée avec ses pattes sans y plus regarder.

Mais heureusement la plupart de ces mauvaises plantes ne sont pas communes, et celles qui le sont ne se confondent pas facilement avec les autres : telles sont les euphorbiacées.

Indépendamment de ces plantes vénéneuses, il en est quelques-unes, telles que le mouron, etc., que les lapins mangent assez volontiers, mais qui à la longue leur serait nuisible par une certaine âcreté qu'il a quand il est vert. Il y a aussi quelques herbes bonnes en elles-mêmes, mais qu'ils ne mangent pas, peut-être à cause de leurs piquants invisibles, comme l'ortie, ou de leur duvet, comme le bouillon-blanc, les feuilles d'artichaut, l'eupatoire, etc...

PLANTES MÉDICAMENTEUSES.

Ces plantes bienfaisantes sont bien plus nombreuses, et par là incomparablement plus communes. Il convient de les ranger en deux classes : les plantes fortes et excitantes et les plantes amères et fortifiantes.

PLANTES FORTES. — Toute la famille des ombellifères, à l'exception de la ciguë; ainsi : *cerfeuil*, *persil* (1), *céleri*, *berle*, *angélique*, cultivée et sauvage, *fenouil*, etc... Cette dernière est d'autant plus précieuse qu'elle vient fort grande et qu'on peut la couper plusieurs fois dans le courant de l'année; sa racine même est mangée par les lapins. Elle a dans toutes ses parties un arome fort et suave, qui est d'une grande utilité pour communiquer aux lapins destinés à la table une saveur recherchée. Le fenouil est vivace; on le sème en bordures, qu'on coupe presque tous les mois, à mesure du besoin.

Après les ombellifères viennent les labiées : *thym*,

---

(1) Nous ne savons pourquoi M. Despouy, à l'exemple d'un naturaliste, dit que le persil est nuisible aux lapins. Il y a au contraire peu de plantes qu'ils mangent plus volontiers. Peut-être a-t-on confondu le persil avec la ciguë des jardins, deux plantes qui se ressemblent beaucoup, mais qui sont très-facilement reconnaissables à l'odeur. Nous avons nourri un mâle pendant trois jours avec du persil et des branches d'arbre; il mangeait environ 1 demi-kilogramme de persil par jour. Au bout des trois jours, ses yeux étaient injectés et ses crottins très-secs, très-durs et luisants, comme s'ils eussent été recouverts d'une couche de vernis noir. Il était simplement échauffé; c'était l'effet que nous attendions.

serpolet, *sarriette*, *lavande*, *menthe* et toutes ses espèces, *marrube*, *germandrée*, *citronelle*, etc.; mais,
sans contredit, les plus utiles et les plus communes
sont le *serpolet*, le *thym* et la *menthe*.

Enfin, un grand nombre de plantes de la famille
des corymbifères, comme l'*armoise*, la *matricaire*, la
mente-coq et même l'*absinthe*. Elle viennent partout,
sont la plupart fort grandes et donnent beaucoup de
rameaux.

On devra en cultiver les principales autour de l'é-
tablissement pour les avoir sous la main. On pourra
en faire deux ou trois coupes, que l'on réservera
pour l'hiver; elles serviront, dans les temps froids et
humides, à exciter un peu les lapins; elles corrigeront en tout temps le défaut d'un régime à l'herbe
fraîche; elles disposeront les femelles à prendre le
mâle. On les donnera avec avantage dans les cas de
faiblesse et d'hydropisie commençante.

Nous ne parlons pas d'herbes rafraîchissantes :
elles sont à peu près toujours nuisibles à ces animaux.
La laitue, par exemple, convient tout au plus quand
ils sont échauffés. Cependant nous observerons que
cette plante, une fois en fleur, ou mieux près de
fleurir, est amère et a perdu la plus grande partie de
son eau de végétation; en cet état, on la donne avec
avantage aux femelles qui allaitent.

Plantes amères, non aromatiques : — la racine de
patience, les *chardons* de toute espèce, avec ou sans
piquants; le *laiteron*, les *chicorées*, et même les chicorées cultivées quand elles sont près de fleurir; les

rameaux d'*olivier*, de *saule*, de *peuplier*, etc... Les plantes qui sont en outre astringentes ne sont que meilleures : feuilles de *ronce*, *argentine*, rameaux de *chêne*, etc...; elles contribuent à engraisser les lapins, et leur communiquent plus de saveur et de consistance.

CHAPITRE XI.

NOURRITURE.

Le lapin est d'une complexion forte et chaude; il jouit d'une intensité vitale qui lui fait dépenser beaucoup, mais qui lui fait aussi consommer beaucoup. Chez lui toutes les fonctions s'exécutent avec rapidité et se succèdent presque sans interruption (1).

De là la nécessité chez cet animal de manger beau-

---

(1) Les deux extrêmes se rapportent à l'âge au-dessous d'un mois, et à l'âge adulte chez le lapin coupé et gras. En prenant le terme moyen, nous trouvons que le lapin respire cinquante fois par minute (l'homme dix-huit fois), que son cœur bat cent trente fois dans le même temps (chez l'homme soixante-douze fois). Le chiffre de la respiration est donc le quart de celui de la circulation. C'est pour l'homme un principe de séméiotique généralement admis. Au moyen d'aliments variés et colorés, on peut se convaincre que la digestion complète, chez le lapin, s'opère en deux heures de temps.

Et puisque nous parlions tantôt de maladies, une plaie (celle de la castration bien faite, par exemple) se cicatrise en vingt-quatre ou trente-six heures. Une blessure se termine par la suppuration en moins de temps, et il ne faut que trente-six heures à l'inflammation grave pour amener la mort.

Un lapin s'engraisse en cinq jours, s'il est convenablement traité; nous leur donnons ordinairement une grande semaine.

Le lapin prend d'autant plus vite graisse qu'il a été plus maigrement nourri, et qu'il est pris pour l'engrais à six mois au moins.

coup (1) et de dormir beaucoup pour fournir à tant de dépenses organiques. Aussi n'a-t-il pas plus tôt mangé qu'il se couche à plat ventre, appuie son museau sur ses deux pattes de devant et s'endort ; sommeil léger, il est vrai, mais qui du moins procure un repos complet vingt fois renouvelé en un jour.

Les règles sur l'alimentation des lapins découlent toutes de considérations de ce genre ; telles que nous allons les poser, elles seront comme le corollaire de tout ce que nous avons dit jusqu'ici.

1° L'heure des repas doit être réglée, et même annoncée par le son d'une clochette.

Ces animaux s'habituent facilement à ce signal, et ils l'attendront sans être aussi souvent dérangés par les visites et les actes de surveillance dont ils sont l'objet ; car les moindres bruits extraordinaires interrompent leur repos et les mettent en alerte dans l'attente d'un mets plus friand. Ainsi l'habitude d'entendre le son d'une cloche, coïncidant avec la distribution des vivres, aura pour effet favorable de rendre leur vie plus monotone et plus tranquille.

Cette distribution se fera trois fois par jour, ni plus ni moins : matin, midi et soir. Depuis l'âge de trois mois jusqu'à celui de six à sept mois, au moment où leur destination est fixée, on aura avantage à ne leur donner que deux fois en vingt-quatre heures, le matin et le soir. C'est ce à quoi nous nous en sommes tenus en dernier lieu.

---

(1) Non pas autant qu'un mouton, comme quelques personnes se plaisent à le dire. On verra bientôt ce que pèsent ses rations.

2° On habituera tous les lapins, depuis leur bas âge, à manger de tout indistinctement : herbes fraîches et sèches, rameaux d'arbre, feuilles sèches; fruits, graines, racines, tiges de plantes de jardin après les récoltes, épluchures, croûtes de pain, etc. ; car tout leur est bon. Le manque d'habitude seul peut leur faire refuser quelque mets et souvent le meilleur ; ainsi tel lapin ne mangera pas de pommes de terre, tel autre ne touchera pas au pain, etc. Nous n'ignorons pas que la faim leur fait bientôt surmonter toute répugnance, mais il vaut mieux ne pas les exposer à passer une mauvaise journée.

Il est si vrai que les lapins peuvent manger de tout, qu'ils dévorent même les plantes vénéneuses quand la faim les presse. Nous avons d'ailleurs fait des expériences curieuses à cet égard.

Une lapine pleine fut mise dans un petit grenier, où il n'y avait qu'un reste de paille et de foin de l'année précédente ; elle y fit ses petits et ils vécurent avec elle pendant trois mois sans paraître souffrir de ce régime si sec et si austère.

Nous avons habitué une lapine à manger tous les matins une soupe aux légumes prise des restes de la cuisine. Cette bête se portait à merveille et était d'une fécondité remarquable. A midi, elle avait des herbes et des fruits, et le soir des restes de table, tels que de la pomme de terre frite, etc....

Un lapin fut nourri dès l'âge de trois mois des restes de la table. Il mangeait de tout, excepté de la viande et du poisson, il était surtout devenu gourmand des débris d'omelettes et de fritures ; mais il faut avouer qu'il avait conservé une prédilection marquée pour la salade. Après trois mois de ce régime, il était devenu fort beau et fort gras, lorsque la diarrhée le saisit tout à coup, et il mourut en quarante-huit heures, dans un état de putréfaction commencée.

D'un autre côté, nous en avons nourri presque exclusivement avec du marc de pomme, de raisin, de pomme de terre, de graines oléagineuses, etc..., sans provoquer de tels inconvénients ; mais ils étaient fort maigres. La pulpe de pomme de terre dont on a extrait la fécule, celle du sorgho à sucre, dont on extrait le suc, et les autres matières de ce genre, contiennent encore assez de principe nutritif pour faire partie de la nourriture des lapins.

3° Il faut laver l'herbe sale ou couverte de terre, les betteraves et autres racines ; sans cela ils en gaspillent beaucoup. Cependant les précautions les plus ordinaires dans la cueillette des herbes suffisent pour dispenser de les laver, même quand on veut les faire sécher et les conserver pour l'hiver : par exemple, de ne pas en cueillir dans les terres meubles quand il pleut.

Les pommes de terre doivent être bouillies ; ils ne les mangeraient pas crues (1). Il n'en est pas de même du topinambour, dont ils sont friands.

---

(1) La pomme de terre contient un principe âcre et vénéneux ; on sait qu'elle appartient à une famille vénéneuse (les *solanées*). Ce

Certains arbrisseaux épineux exigent aussi une préparation : la ronce, par exemple, doit être grossièrement hachée et l'ajonc concassé ; sans cela, ces végétaux, qui constituent pour les lapins une excellente nourriture, ne peuvent leur être distribués que difficilement ; enfin, les troncs de chou doivent être partagés en quatre, à cause de la moelle, qui fait leurs délices ; etc...

4° Chaque loge aura son petit râtelier ; on en placera dans les compartiments de chaque commun, afin que tous les lapins puissent manger en même temps sans être trop serrés. Il ne faut pas même excepter les lapereaux du sevrage.

Des râteliers, appropriés au nombre et à l'âge des lapins dans les diverses loges et dans toutes les divisions, ont pour premier résultat d'économiser les trois quarts de la nourriture.

Nous avions d'abord adopté une espèce de lacet en fil de fer pour y suspendre la ration de fourrage, et de petites mangeoires pour y mettre les grains et les menus vivres. Les mangeoires, nous les avons conservées ; on peut les faire adhérentes à la case à nicher ou isolées ; dans tous les cas, elles doivent être basses et étroites (1), afin que les lapins ne puissent

---

principe du tubercule est détruit par la cuisson. Quant à la tige et au feuillage de la plante, les lapins les mangent très-bien, même quand on les a fait sécher. C'est une précieuse ressource. Dans la pomme de terre, tiges et tubercules, tout est bon.

(1) On pourrait se servir de mangeoires, faites en forme de trémies, pour les grains et le son.

pas se mettre dessus. Pour les communs, les mangeoires seront d'une longueur proportionnée au nombre des lapins, qui doivent pouvoir manger tous à la fois dans chaque compartiment ; mais ils peuvent s'en passer. Ce n'est du moins que dans des circonstances rares et extraordinaires, telle que serait le cas d'une maladie, qu'on aurait à leur donner des grains.

Quant au râtelier-lacet, nous l'abandonnâmes bientôt : il fallait beaucoup trop de temps pour attacher une poignée de foin ou d'herbes à son nœud coulant à chaque distribution. Nous essayâmes donc d'un râtelier en forme de caisse, que nous dûmes encore abandonner ; et nous en vînmes à la forme des râteliers ordinaires.

Ces râteliers, fort simples, peuvent être rangés dans chaque compartiment contre les parois et sur une longueur suffisante pour que tous les lapereaux y trouvent place. Voici les précautions à prendre : les barreaux en bois, de 2 ou 3 centimètres de diamètre, seront plus ou moins écartés les uns des autres, suivant la grosseur des lapins qui doivent y manger ; un écartement de 2 ou 2 centimètres et demi pour le sevrage est suffisant : cette distance sera de plus en plus considérable pour les transitins, les primins, etc..., jusqu'à celle d'environ 6 centimètres pour les gros lapins : *adultes*, femelles et mâles. Au lieu de barreaux ronds, on peut user de petites lattes pour les confectionner.

Ce râtelier ne touchera pas à terre, autrement les

lapins n'auraient rien à faire de plus pressé que de
gratter à qui mieux mieux, et d'en tirer toute l'herbe
pour la répandre sur le sol et la fouler aux pieds, et
l'on sait qu'il n'y a qu'une faim excessive qui puisse les
porter à manger quelque chose qu'ils ont ainsi foulé
aux pieds. L'exhaussement du râtelier au-dessus du
sol est donc nécessaire ; il suivra aussi la proportion
de l'accroissement des lapereaux : il sera de 10 centimètres pour le sevrage, en augmentant jusqu'à la
hauteur de 40 à 45 centimètres pour les adultes. De
cette manière, ils seront tous obligés de se dresser
sur leurs pattes de derrière pour y atteindre, ils ne
s'y présenteront pour manger que quand ils en auront besoin, car ils n'aiment pas la gêne, et ils ne
gaspilleront pas leur nourriture, parce qu'ils ne
pourront pas gratter commodément.

Dans les communs, on pourra, au lieu de divisions
en treillage pour chaque compartiment, obtenir le
même résultat au moyen d'un râtelier double qui
servirait à faire les séparations, et où les lapereaux
viendraient manger des deux côtés sans se mêler.

Les râteliers des mâles et des femelles seront cons-
truits d'après les mêmes principes ; il suffira qu'ils
puissent contenir une bonne poignée d'herbes, et
on fera bien de les fixer contre la porte de chaque
loge, afin qu'ils ne gênent pas la personne qui les
nettoie.

Pendant que les femelles ont encore leurs petits,
il est bon que ceux-ci s'habituent peu à peu à la
nourriture solide. Durant l'été, lorsqu'on leur retire

la case à nicher de bonne heure, les petits commencent à manger vers le quinzième jour ; en hiver, quand on les laisse sortir d'eux-mêmes de la case, ils ne mangent guère avant le vingtième jour. Or, il doit s'écouler dix ou quinze jours pour le moins avant qu'ils soient sevrés, et plus ils mangeront pendant ce temps là et moins ils épuiseront la mère, moins aussi ils seront affectés par le changement de régime. On peut leur jeter quelques herbes particulières en même temps qu'on fait la distribution générale; mais la voracité de la mère les en privera ordinairement. Il est vrai qu'en mangeant au râtelier, celle-ci laisse toujours tomber un peu d'herbe; cependant, l'on pourrait ménager dans la loge un petit recoin, en liteaux assez écartés les uns des autres, pour permettre aux petits de passer. On y mettrait l'herbe qu'on leur destine, et ils iraient l'y manger sans que la mère pût y atteindre.

Encore une fois, nous prions le lecteur de nous pardonner ces menus détails, et nous comptons sur son indulgence s'il pense que c'est précisément par les petites choses qu'on parvient aux grands résultats. Continuons.

5º On ne donnera jamais d'herbe mouillée. On évitera même de donner, pendant toute une saison ou plusieurs fois de suite, de l'herbe fraîche ou des substances trop aqueuses. Quant aux petits, il ne faut jamais leur en donner de cette dernière qualité, sinon ils éprouveraient à la longue les mêmes effets que s'ils vivaient d'herbe mouillée, c'est-à-dire le dégoût et l'hydropisie. Néanmoins, si pendant les chaleurs de l'été, ou même en d'autres temps, leur nourriture principale devait consister en fourrages secs, il faudrait quelquefois les humecter en les saupoudrant avec un peu de sel, ou mieux en les aspergeant d'eau salée.

On peut se servir de temps à autre de ce moyen pour leur administrer du sel, qui leur fait beaucoup de bien, rend leur chair meilleure, leur donne de l'appétit et peut même les empêcher de tomber dans l'hydropisie; ils l'aiment assez pour lécher instinctivement les murs recouverts de salpêtre. Et quand ils sont ennuyés de manger du foin, on le leur rend délicieux en l'aspergeant avec un peu d'eau salée; ils mangent même volontiers la paille et les feuilles d'automne ainsi préparées.

L'automne peut devenir pour les lapins une saison meurtrière, lorsque, malgré l'humidité de l'atmosphère, on continue à leur donner trop d'herbes fraîches. Cette saison peut aussi leur être nuisible quand au régime de l'herbe fraîche succède brusquement un régime sec. Il suffit de signaler ces inconvénients pour mettre sur la voie de les faire disparaître.

Enfin, on ne doit pas leur donner de l'eau en nature : ce serait s'exposer à tuer en peu de temps tous ceux qui en boiraient. Le lapin d'ailleurs a naturellement horreur de l'eau ; jeune, il boirait plutôt du lait, et du vin dans sa vieillesse.

6° Il est utile de ne pas leur donner longtemps la même nourriture ; les lapins aiment la variété. L'éleveur peut facilement les satisfaire ; c'est même un besoin pour lui.

7° Il y a un abus assez commun qu'il faut éviter absolument : c'est le privilége. Il est assez ordinaire de se laisser aller au plaisir de donner des morceaux friands aux uns et non aux autres ; c'est là une peste pour la société cuniculaire. Aucun repos pour la lapine qui n'a que du foin devant elle et qui entend grignoter une tranche de betterave succulente à sa voisine ; elle monte et descend de sa case, elle fourre sa tête entre chaque barreau, elle va, elle vient, elle ·marche sur son nid, elle foule ses petits aux pieds sans y prendre garde, elle n'a que la betterave en tête ; et, qui plus est, elle attendra avec impatience que son heureuse voisine mette le nez entre les barreaux pour le lui fendre d'un coup de griffe, si elle peut l'attraper. Du reste, elle gaspillera son manger, elle sera maussade, et peut-être elle en viendra jusqu'à battre ses petits.

Mais voici un autre abus qu'il faut bien se garder de commettre envers ce petit peuple : c'est celui des *extra*. On aime à voir manger ses lapins avec appétit, on s'amuse à regarder leurs petites manières ; pour cela, on vient dans l'intervalle des repas leur apporter une poignée de laiterons, des feuilles de chou, des pommes de terre, quelques morceaux de betterave, et l'on ne fait pas attention qu'on les rend gourmands, jusqu'à négliger la nourriture commune. Si ces actes arbitraires se répètent, voici ce qui arrive : dès qu'ils entendent parler et qu'ils comprennent la voix de leur imprudent bienfaiteur, ils quittent tous leur râtelier, ils cessent de rechercher les brins d'herbe épars sur la litière, les voilà debout sur leurs pattes de derrière et attentifs à son moindre mouvement; s'il tarde à leur donner leur pitance de surérogation, ils sauteront, feront du tapage, comme pour lui faire croire qu'ils meurent de faim, et ne se tiendront tranquilles que quand il leur aura jeté quelque bonbon. Dans les divisions des lapereaux, ce sera bien autre chose : ils accourront tumultueusement au-devant de lui, s'entasseront pour attraper ce qu'il leur jette, et se poursuivront jusqu'à ce qu'ils se soient mutuellement visités pour s'assurer qu'il n'y a plus rien à croquer.

En attendant, l'herbe qu'on leur a régulièrement distribuée reste là et leur cause du dégoût, et alors ils s'amusent à la gaspiller; car s'il est vrai, comme on ne peut en douter, que le lapin soit l'animal le plus sobre, il n'est pas moins vrai qu'il peut devenir l'un des plus gourmands, qualités assez opposées et susceptibles de se développer assez promptement pour embarrasser pas mal les phrénologistes.

8° La distribution devra se faire toujours par la même personne. Elle donnera tantôt plus, tantôt moins aux diverses divisions, suivant leurs besoins (1); elle variera la nourriture, elle observera surtout les sujets en loge, connaîtra, à leurs crot-

---

(1) Les lapins ont trop à manger quand ils ne touchent pas au rameau d'arbre vert qu'on leur jette. Ils n'ont pas assez à manger.

tins et à leurs habitudes, les changements qui pourraient être survenus dans leur santé ; elle aura égard aux divers états des lapines et aux variations que subit leur appétit, suivant les fatigues de la maternité ; enfin, elle agira en tout avec plus de discernement et plus d'uniformité.

Il nous faut maintenant dire quelque chose de la qualité des diverses substances propres à la nourriture des lapins, suivant leur destination.

On donnera aux lapins à l'engrais des pommes de terre, des carottes, des grains et des herbes ; les baies de genièvre, les feuilles et les racines d'angélique et de fenouil, l'armoise, le cerfeuil, le thym, leur seront distribués chaque jour en petite quantité, de crainte de les échauffer ; ces plantes aromatiques seront comme l'assaisonnement de leur repas ; le fenouil seul peut suffire ; ils le mangent très-volontiers. On y joindra du sel pour donner une bonne consistance à leur viande ; mais, pour aider l'effet des aliments capables d'engraisser, il faudra y joindre les végétaux astringents et amers : la bruyère, la ronce, le chêne, et la plupart des plantes champêtres, en évitant les choux, les navets et tout ce qui leur communiquerait une saveur désagréable.

Les femelles qui nourrissent doivent avoir des betteraves, des navets, des topinambours, des choux,

---

ou l'herbe qu'on leur donne est mauvaise, s'ils ont enlevé d'un repas à l'autre toute l'écorce de ce rameau ; c'est un signe sur lequel on peut se fier.

des épluchures de cuisine, de la laitue prête à fleurir,
la chicorée, les laiterons et tout ce qui peut augmenter la sécrétion du lait. L'orge, l'avoine, le blé noir
ou sarrasin, le grain du sorgho, les faînes, sont
très-utiles ; avec la vesce et le trèfle secs, ces graines
corrigeront l'effet débilitant du régime humide, sans
nuire à l'abondance du lait.

Aux mâles, il convient de donner surtout : le
cerfeuil, le persil et autres plantes aromatiques pour
les tenir dispos ; les herbes amères qui les fortifient
en les nourrissant ; par exemple, la petite centaurée,
les laiterons, les plantes de la famille des floscu-
leuses, la racine de patience, et aussi les pepins de
raisins, le sarrasin ou blé noir, des croûtes de
pain, etc...

On devra faire un choix éclairé pour les lapereaux
du sevrage, et, par dessus tout, on se réglera sur
la nature ; leur régime ordinaire pourra se borner
aux herbes tantôt moitié sèches, tantôt fraîches,
mais nullement humides. Ces herbes seront la vesce,
la luzerne, le chou, le céleri, le cerfeuil, la chicorée
et toutes les plantes champêtres amères ou astringentes et tendres : laiteron, pissenlit, petite centaurée, aigremoine, etc...; ils mangent aussi avec
plaisir le genêt, l'ajonc, le genévrier, le chêne, le
saule, le peuplier, etc... Enfin, il ne faut pas négliger de leur donner un peu d'avoine tous les deux ou
trois jours au moins.

A mesure qu'ils grandissent, et au sortir du sevrage, on leur retranche peu à peu les herbes de

choix et on les réduit aux herbes communes , aux branches d'arbre, aux débris de jardinage, etc... , évitant particulièrement les végétaux trop aqueux ; on leur donnera du marc de pommes ou de raisins , du fourrage, un peu de sel et quelques plantes aromatiques.

Nous venons de parler principalement des établissements considérables, pour lesquels on ne saurait toujours se contenter des herbes champêtres ramassées pendant l'année et de tout ce que l'on peut se procurer en dehors d'une culture spéciale ; mais, de quelque manière qu'on nourrisse les lapins, on doit donner à leurs diverses divisions ce qui leur convient le mieux : aux lapines, une nourriture qui les soutienne et qui procure du lait ; aux lapins à l'engrais, des substances qui les engraissent et qui leur communiquent une saveur délicate , et ainsi des autres.

Mais, chose remarquable, les personnes indigentes qui élèvent quelques lapins obtiennent de fort beaux résultats, moyennant les soins généraux , en les nourrissant avec les feuilles d'arbre et les ronces qu'ils ramassent dans les terres vagues, dans les biens communaux et le long des chemins. C'est que ces animaux, en petit nombre, sont moins sujets aux maladies, pourvu qu'on observe les règles de l'hygiène ; c'est aussi que la Providence a voulu que les plus pauvres ne fussent pas privés des ressources qu'elle leur offre dans cet animal si fécond et si sobre.

Il nous reste à déterminer la quantité et la valeur
des substances qui entrent dans le régime alimentaire d'une garenne domestique ; c'est ce que nous
allons faire dans le chapitre suivant, en faveur des
personnes qui désireraient élever des lapins sur une
grande échelle : elles y trouveront le calcul des dépenses et des recettes à faire, avec les moyens d'élever la somme de celles-ci et d'abaisser le chiffre de
celles-là.

CHAPITRE XII.

FRAIS. — PRODUITS.

Il est bien évident que celui qui se bornera à élever quelques lapines n'aura aucun déboursé à faire
pour leur nourriture : les bois, les champs incultes,
les talus et les bordures des chemins et des ruis-
seaux, lui fourniront ce qui lui sera nécessaire. Il
en sera de même pour le cultivateur propriétaire ; il
pourra utiliser les regains, les débris de jardinage,
les tiges de pommes de terre, de haricots, de pois,
etc..., fraîches ou sèches ; il leur fera ronger les
fagots, etc...

Supposons que ces personnes se bornent à six lapines. En ne comptant que sur sept nichées de sept
petits pour chacune, elles donneront ensemble deux

cent quatre-vingt-quatorze petits par an : c'est même là un minimum. Mais, comme le terme moyen de leur séjour chez l'éleveur n'est que de sept à huit mois, il ne doit jamais en avoir plus de deux cents, parmi lesquels un quart tette encore et un autre quart mange peu, de sorte qu'il n'aurait guère qu'une centaine de rations quotidiennes à leur fournir; eh bien ! un enfant de douze ans peut le faire. Cet enfant, dans la terre de son père, dans son village, aux portes d'une ville, etc..., élèvera donc un mâle et ses six lapines avec leurs deux cent quatre-vingt-quatorze petits. Les lapereaux se vendront plus ou moins, suivant l'âge qu'ils auront. On peut en vendre quatre-vingts de cinq mois à 1 fr.; cinquante de six mois à 1 fr. 30 c.; quatre-vingt-quatorze de sept mois à 1 fr. 50 c.; et enfin cinquante de huit mois et engraissés, à 2 fr., ce qui fait 384 fr., tout en supposant la perte de quarante lapereaux ; car enfin il faut bien faire la part de la mortalité. L'enfant aura donc gagné à peu près autant qu'un homme de campagne à la journée, et cela dans un exercice en plein air, dans un travail sain, capable de fortifier ses organes et de les développer.

Si les six lapines étaient bien choisies, parmi les plus fécondes et les meilleures nourrices, ou si on adoptait la méthode particulière que nous avons exposée en parlant de l'accouplement, et qui consiste à nourrir un certain nombre de lapines surnuméraires, on obtiendrait facilement huit et même dix nichées par an, de neuf et dix petits chacune, ce

qui éleverait ou doublerait le nombre de lapereaux.
Mais contentons-nous du résultat de 384 fr.; il est
déjà plus considérable que celui de 50 fr. par lapine
auquel nous avons voulu nous borner en commençant, et nous sommes loin d'exagérer, principalement pour ceux qui n'élèvent qu'un petit nombre de
lapines.

Voilà pour les personnes qui voudront opérer en
petit, aussi bien que pour des fermiers qui, dans
une grande exploitation rurale, pourraient tenir un
certain nombre de lapines, sans rien acheter. Par ce
moyen, ils vivraient dans une honnête aisance qui
leur rendrait plus facile et plus productive l'exploitation de leur terre, et ils procureraient à leurs enfants un travail léger, dans l'exercice duquel ils pui-
seraient la santé, l'émulation et une certaine habitude des affaires, sans les captiver du matin au soir
comme le travail de fabrique ou le service, de manière à s'opposer à leur éducation morale et à leur
instruction.

Enfin, les personnes qui n'ont pas de caisse d'é-
pargne à leur proximité, ou qui n'osent pas leur
confier de trop modiques sommes, peuvent consacrer
leurs petites économies à l'éducation de quelques
lapines; c'est même là, à notre avis, l'excellente
caisse d'épargne pour les campagnes.

Il faut maintenant établir la balance exacte des
dépenses et des produits d'un établissement donné :
de cinquante lapines par exemple, pour l'instruction

de ceux qui voudront se livrer à cette industrie.
Commençons par évaluer les dépenses de la nourriture.

1º

Matin : Vesce ou luzerne sèches, 60 grammes, et le
tronc d'un chou.

Midi : Pommes de terre, 60 grammes (une ou deux),
et un rameau d'arbre ou d'arbuste (1).

Soir : Foin, 90 grammes (une poignée), et un ou
deux fruits gâtés.

2º

Matin : Herbes champêtres, cueillies de la veille, 400
grammes (une poignée), et une poignée
d'épluchures.

Midi : Betteraves ou navets, 400 grammes (gros
comme le poing), et une pincée de vesce
ou de trèfle.

Soir : Herbes champêtres, moitié sèches, 300
grammes, et un rameau vert.

---

(1) *Arbres :* chêne, sapin et saule de toute espèce, peuplier,
noisetier, mûrier, orme, olivier, et tous les arbres communs, excepté l'if, l'amandier, le pêcher...

Arbustes : ajonc, genêt, genévrier de toute espèce, bruyère, au-
bépine, ronces, romarin, et tous les arbustes communs, excepté le
laurier-cerise, le laurier-rose...

3°

Matin : Herbes champêtres fanées, 400 grammes, et
une poignée de cosses de pois.

Midi : Avoine, orge, sarrasin ou autres graines, ou
son, 30 grammes (deux ou trois cuille-
rées) (1), et un pied de racine de céleri.

Soir : Épluchures de cuisine, 400 grammes (une
poignée), et un rameau vert.

Il faut remarquer ici que les lapines qui nourrissent mangent davantage qu'en d'autres temps. Ces
rations sont une moyenne.

EXEMPLES DE RATIONS DE MALES.

1°

Matin : Tiges sèches de pois ou de haricots ou
rameaux, et une poignée d'épluchures.

---

(1) On trouvera peut être que cette ration est bien minime, pour
l'avoine surtout, qui pèse beaucoup ; mais plus elle pèse, plus elle
contient de principe nutritif. Il est certain que l'on prodiguerait en
pure perte les aliments succulents sur lesquels ces animaux se jettent avec avidité, et dont ils mangent facilement avec excès , c'est-
à-dire sans profit réel ; car pour le lapin, cet axiome de Salerne est
aussi vrai que pour l'homme : *Non ab ingestis sed a digestis fit nu-
tritio.* Ce qui signifie que la nutrition , et pour le sujet présent l'a-
bondance du lait, dépendent de la manière dont les aliments sont
digérés et non de leur quantité. Ajoutons que l'orge doit être pré-
férée à l'avoine pour les nourrices dans les pays secs, chauds ou
maritimes ; mais une dose modérée d'avoine peut leur être donnée
sans nuire à l'abondance du lait durant les saisons humides et
froides ; elle corrige alors le vice de l'humidité et des herbes
aqueuses ou moins toniques, et c'est même une raison qui oblige

7

Midi : Herbes de sarclage, 500 grammes, persil ou fenouil, etc..., une pincée.

Soir : Chardons et épines, une forte poignée, et une pincée de marc de pommes ou de raisins (1).

2°

Matin : Vesce ou luzerne, 60 grammes (une poignée).

Midi : Rameaux ou feuilles des bois, avec des débris de fruits.

Soir : Herbes sèches ou vieilles, tiges de pois, etc..., et épluchures ou carottes.

EXEMPLES DE RATIONS COMMUNES.

1°

Matin : Rameaux verts, épluchures, et un peu de serpolet, fenouil, matricaire, etc...

Midi : Foin et herbes de sarclage.

Soir : Emondage des arbres et des haies, et troncs de choux ou de céleris.

---

d'en donner quelquefois à tous les lapins dans des localités froides, humides et marécageuses. Dans tous les cas, on doit savoir que l'avoine, administrée à propos, rend les lapines plus fécondes.

(1) Le marc de raisin doit être séparé des grappes, qui sont inutiles. Les substances de ce genre, et surtout le marc de pommes ou de poires, sont insipides, et on doit les pétrir avec un peu de sel, pour les faire manger avec plaisir, et aussi pour corriger les traces de fermentation. Le marc de pommes doit être soumis à la presse pour être privé d'eau, autant que possible.

2º

Matin : Foin aspergé avec de l'eau salée, et un peu
de marc de pommes.

Midi : Rameaux secs et débris de jardinage.

Soir : Herbes.

3º

Matin : Herbes moitié sèches, marc de sorgho, de
betteraves, de graines oléagineuses.

Midi : Herbes fraîches.

Soir : Herbes moitié sèches.

EXEMPLES DE RATIONS DU SEVRAGE.

1º

Matin : Feuilles de choux, carottes.

Midi : Jarousse, vesce sèche, etc..., et un peu de
fenouil ou de mélisse.

Soir : Laiterons, traînasse, arroche sauvage et autres herbes des plus saines.

2º

Matin : Luzerne, troncs de choux coupés en quatre.

Midi : Herbes de sarclage, avoine.

Soir : Céleri, feuilles de carotte, etc...

EXEMPLES DE RATIONS DE L'ENGRAIS.

1º

Matin : Herbes communes, bruyères ou ronces.

Midi : Luzerne ou autre fourrage, et pommes de
terre, ou orge.

Soir : Herbes et fenouil, thym, persil, angélique, etc.

2º

Matin : Avoine, 30 grammes, et chêne, saule, etc...
Midi : Herbes et quelques plantes aromatiques.
Soir : Betterave et céleri, bruyère, etc...

A propos des rations de l'engrais, nous donnerons quelques explications qui nous dispenseront d'ajouter un chapitre à ce petit livre.

Dans la plupart des départements, et presque sur tous les marchés, le public achète les lapins sans discernement; jeune ou vieux, gras ou maigre, le lapin est acheté eu égard à sa grosseur, à son poids à peu près. C'est un abus dont ce bon public est victime et qui cessera peu à peu, à mesure que les éleveurs fourniront des sujets plus gras et mieux soignés. Jusque-là, on ne pourra qu'avec mesure se livrer à un engraissement complet, car le débouché des plus beaux produits manquerait. On doit d'abord les faire apprécier, et bientôt les meilleures tables se couvriront de ces élèves, car le lapin gras est en lui-même un mets délicat. C'est ce qu'on ignore généralement encore, et ce qu'il faut faire connaître par les résultats, ce qui n'est pas bien difficile à celui qui élève le lapin par spéculation.

L'engrais de cet animal est d'autant plus facile, qu'il a fait plus maigre chère de l'âge de 3 à 6 ou 7 mois; et l'engrais est d'autant plus beau qu'on donne plus de grains et de substances féculentes. On en jugera par ce seul fait, qui est, du reste, le

propre de chaque lapin engraissé dans les mêmes
conditions. Un lapin mâle, de race ordinaire, coupé
à 5 mois, fut mis à l'engrais à l'âge 7 mois. A cette
époque il pesait 1 kilo et 480 grammes, il était d'une
maigreur exemplaire. Jusque-là il avait été nourri,
dès l'âge de 3 mois, avec deux rations par jour, de
feuillages d'arbre, d'herbes communes et de débris
de jardinage. Une fois à l'engrais et dans une case
étroite, obscure et tempérée, il reçut trois rations
par jour, invariablement composées d'avoine, dont il
avait une poignée matin, midi et soir, et d'un bou-
quet de fenouil pesant environ 60 grammes. Il avait
pour boisson un verre d'eau contenant une pincée
de sel et une poignée de farine d'orge. Le sel fut re-
tranché au bout de huit jours, et l'engrais fut conti-
nué encore huit jours. Alors le lapin donna un poids
de 4 kilos 125 grammes. Il était monstrueux à voir,
par les replis de sa peau au cou, aux cuisses et à la
queue, et marchait avec beaucoup de peine. En cet
état, il fut tué et dépouillé. Son foie était graisseux
et pesait 370 grammes. Ce développement du foie,
ayant quelque ressemblance de texture avec le foie
d'oie grasse, nous donna la pensée d'exagérer par
l'engrais la nutrition de cet organe, et de lui communiquer cette texture graisseuse, ou ce commen-
cement de dégénérescence. Nous réussîmes ordinairement dans l'espace de 15 à 18 jours, et en ne leur
donnant que trois forts repas par jour, avec cette
régularité qui facilite une bonne digestion et une
parfaite nutrition. L'accumulation de la graisse au-

tour des viscères et des vaisseaux, amena l'obstruc-
tion du foie et lui donna ce développement.

Des lapins ainsi nourris et poussés sont d'une rare
délicatesse au goût et composent des pâtés froids
excellents. Celui dont nous parlons fut mangé par
des gourmets qui le trouvèrent supérieur à beaucoup
d'autres mets très-recherchés ; et dès ce moment ils
ne s'en firent pas faute.

Voilà pour l'engraissement complet, mais huit
jours suffisent pour mettre en état d'embonpoint
un lapin de 7 mois ; il faut quelques jours de plus
pour des sujets plus jeunes , et quinze jours suffiraient à peine pour un lapin d'environ 5 mois.

Les exemples de rations que nous venons de donner montrent comment on peut varier les subsistan-
ces, suivant les saisons et les localités, et même d'un
jour à l'autre. Celles que nous avons désignées ont
un prix différent et plusieurs ne coûtent rien du
tout.

Or , ce prix , en donnant tantôt une ration , tantôt
une autre, et en insistant sur les herbes champêtres,
ne peut pas aller au delà de 3 fr. pour chaque lapine.

Trois rations par jour font , dans l'année, mille
quatre-vingt-quinze rations. En les calculant d'après
les doses ci-dessus, pour celles qui coûtent le plus,
nous avons : cinq cents rations d'herbes champêtres,
deux cents de fourrage sec, cent cinquante de racines cultivées , cent d'avoine et cent quarante-cinq
d'épluchures ou débris de jardinage.

Cinq cents rations d'herbe, de 400 grammes l'une,

donnent 200 kilogammes, qui peuvent coûter le prix d'une demi-journée de la personne qui les ramasse.............................. » f. 75 c.

Deux cents rations de fourrage, de 60 grammes, à 10 fr. les 100 kil., font 12 kil., et coûtent .... » 60

Cent cinquante rations de racines, de 400 grammes, au prix des betteraves, font 60 kil.......................... 1 »

Cent rations d'avoine, de 30 grammes, à 12 fr. 50 c. les 100 kil., donnent 3 kil. .... » 40

Enfin, cent quarante-cinq rations d'épluchures peuvent être évaluées à..... » 25

TOTAL.......... 3 f. » c.

On conviendra facilement que les rations des mâles se réduisent à 1 fr. 50 c., puisqu'on ne leur donne rien que de champêtre ou des débris de peu de valeur. Pour les lapereaux des communs, ils peuvent se passer de grains, de betteraves, de pommes de terre, et se contentent de l'herbe, des fagots et de quelques débris de jardinage; ce qui réduit leur dépense à 25 c.

Soit deux cents lapereaux sevrés à un mois et gardés encore sept mois dans la garenne; voici leur dépense :

Premier mois : feuilles de choux provenant des émondages, et herbes de choix, et coûtant le prix

de cinq journées pour la personne qui les ramasse............................. 7 f. » c.

Deuxième mois : un peu de choux,
herbes de jardin..................... 7   »

*Troisième, quatrième, cinquième, sixième
mois :* herbes champêtres, rameaux d'arbre, etc., à 5 fr. l'un................ 20   »

Septième mois : herbes champêtres, rameaux verts, bruyère, etc............ 6   »

De plus, durant la dernière quinzaine,
un jour l'un, trois rations de graines
donnant, pour deux cents lapereaux,
12 kil. de grain...................... 1   50

Et quatre rations de racines, donnant
huit cents rations simples, dont quatre
cents en pomme de terre, ou 24 kil.... 1   50

Et quatre en betteraves... 1   25

TOTAL......... 44 f. 25 c.

c'est-à-dire près de 25 c. pour chaque lapereau,
qu'on vendra à cet âge 1 fr. 50 c.; d'ailleurs personne
n'ignore qu'à sept ou huit mois un lapin s'engraisse
facilement ; que, si on veut les pousser à un engrais
plus complet, on fera pour eux des dépenses en proportion de ce qu'on les vendra.

Ainsi, cinquante lapines, à 3 fr., dépenseront 150
fr.; cinq mâles, à 1 fr. 50 c., 7 fr. 50 c.; c'est 157 fr.
50 c. pour les sujets destinés à la production.

Voyons maintenant combien cinquante lapines
donneront de lapereaux, en ne leur supposant à

chacune que sept portées de sept petits : elles en donneront deux mille quatre cent cinquante en trois cent cinquante nichées. Or, si la nourriture de deux cents coûte 44 fr. 25 c., celle de deux mille quatre cent cinquante coûtera, compte rond, 550 fr., et, en y ajoutant les 157 fr. ci-dessus, nous aurons pour dépense annuelle la somme de 707 fr.

Que l'on distribue maintenant ainsi qu'il suit les deux mille quatre cent cinquante lapins dans la vente :

500,	de 4 mois,	à	»f	90c	450f
500,	de 5 mois,	à	1	10	550
500,	de 6 mois,	à	1	30	650
500,	de 7 mois,	à	1	40	700
450,	de 8 mois, et plus, et engraissés, à		2	»	900

On obtiendra un total de. 3,250f

Somme de laquelle il faut retrancher 707 fr. de frais annuels (1). Il reste donc 2,543 fr. de revenu,

---

(1) On comprend que nous ne donnions pas ici le calcul des frais d'installation. Pour quelques lapines, ils sont à peu près nuls ; pour un établissement de cinquante lapines, comme celui dont nous parlons, ils doivent varier selon les dispositions prises par l'éleveur, les bâtiments employés, le luxe de l'installation. Ainsi, des loges en lattes de chêne, des compartiments en grillages, un établissement fort propre, en un mot, s'élèverait facilement à 1,000 fr., somme qui représenterait une rente de 50 fr., à 5 pour 100, qu'il faudrait au moins doubler pour les frais de loyer.

Au contraire, supposez un fermier qui se serve de bâtiments

soit 2,000 fr., en laissant 543 fr. de côté pour l'amortissement des premiers frais, etc...

Ce revenu de 2,000 fr. peut grossir à volonté de plusieurs manières : 1° si l'on ne vend les lapins qu'à l'âge de huit mois environ et engraissés; 2° si l'on choisit les lapines les plus fécondes et les meilleures nourrices; 3° si l'on en double le nombre par des lapines surnuméraires; 4° enfin, si l'on fait porter les jeunes lapines avant de les vendre.

Enfin, le fumier, que nous n'avons pas fait entrer en ligne de compte, mérite cependant une place importante parmi les revenus d'une garenne.

En supputant la quantité de fumier produite, sur un kilo de litière par jour et par lapin, et sur l'augmentation en poids, d'un kilo seulement par kilo, de la litière réduite en fumier, on en obtient 800 kilos par lapin et par an; ce qui donne 24,000 quintaux métriques de fumier par an, pour 3,000 lapins, c'est-à-dire de douze cents à quinze cents tombereaux.

---

d'exploitation abandonnés ou sans utilité actuelle : avec 100 fr. au plus, cet homme peut les mettre en état; puis, au lieu de grillages de lattes et de bois travaillés, il peut tout simplement fabriquer des paniers d'osier, sans fond, à tissu lâche ou à jour; ils devraient avoir un mètre de haut et être assez larges pour servir de loge à une lapine. De plus grands serviraient pour les mâles, les lapereaux et pour les communs. Cette organisation ne demanderait pas 200 fr. pour cinquante lapines, et nous en recommandons l'idée aux industriels. Un tel établissement pourrait même être fort agréable à la vue; on lèverait chaque panier pour le nettoyage, et si par hasard quelques lapins les rongeaient, on les en détournerait sans peine en les frottant dans le bas avec un linge imprégné d'huile de cade, de goudron, etc...

Le résultat est le même au fond, si on se sert de marne ou de terre au lieu de litière, qui, dans ce cas, est un achat de moins à faire.

Ce produit, d'une importance extrême, influant énormément sur la culture, qui s'en enrichit, sera apprécié ce qu'il vaut par les personnes intéressées. Elles conviendront sans peine qu'il donne plus d'importance à l'éducation du lapin domestique.

Mais d'ailleurs l'éducation du lapin, facile pour les personnes qui se bornent à un petit nombre, exige, pour celles qui procèdent sur une vaste échelle, six mois et même un an d'attentions, de soins et de patience avant d'arriver à une installation et à une organisation parfaites. Il faut aussi ce temps-là pour acquérir l'expérience personnelle indispensable. Il n'y a là rien que de très-naturel. Malheureusement, les hommes se lassent vite : six mois, un an avant de recueillir quelque fruit! c'est pour plusieurs un terme bien long. Et, si l'éleveur est constant, il ne manquera pas de voisins, d'amis et de proches qui lui diront : Quoi! voilà six mois et vous n'avez encore fait que de la dépense! où sont ces lapins que vous deviez vendre? A peine en est-il sorti quelques-uns de votre établissement, et le plus souvent morts ou blessés.

Esprits légers et inconséquents! vous avez assisté aux travaux d'installation de votre voisin, vous avez vu commencer votre ami, votre parent, depuis six mois il est vrai; mais pourquoi ne voulez-vous pas voir également qu'il a dû consacrer les deux ou trois premiers mois au matériel de l'établissement? pourquoi ne voulez-vous pas voir que les premières nichées, qui ont à peine six mois, sont justement celles sur lesquelles il doit compter pour les sujets destinés à la production? Laissez-le se mettre en race, laissez venir successivement les autres nichées ; avant la fin de l'année, votre voisin, votre ami, votre parent vous répondra par des faits qui vous fermeront la bouche ; laissez donc germer la semence : connaissez-vous une récolte qui se fasse le lendemain des semailles ?

Nous recommandons surtout à l'éleveur la constance, la patience et les soins minutieux , et c'est par là que nous finissons. La patience, les soins, voilà une monnaie qu'un homme bien avisé dépense volontiers pour faire valoir un fonds productif. Mais, pour les oisifs et les paresseux que les désirs dévorent et que chaque soir retrouve avec l'ennui du matin, que pourrait-on leur proposer, après qu'ils ont oublié l'arrêt divin qui les condamne au travail : *In sudore vultûs tui vesceris pane ? (Gen.* III, 19.) C'est par son travail que l'homme, ici-bas, doit et peut améliorer son sort, comme il s'en prépare un à jamais heureux, dans un monde meilleur, par ses vertus.

CHAPITRE XIII.

LAPINS ARGENTÉS ÉLEVÉS POUR LE POIL.

Il est une espèce de lapins fort belle, et quant à la grosseur, et quant au poil qui est doux, long et très-beau ; cette espèce, désignée sous le nom de lapins argentés, n'a pas une chair moins bonne, une fécondité moins grande ; elle a de plus une valeur considérable par son poil.

Ce poil est employé dans la chapellerie et pour certains tissus ; le prix en est assez élevé pour donner à chaque peau une valeur de 1 fr. à 1 fr. 20 c.

Le lapin argenté destiné à fournir le poil demande quelques soins particuliers. Ces soins tendent à lui donner un poil long, plus soyeux, plus fourni. Il suffit pour cela d'organiser les cases de manière à ce qu'il puisse habituellement se tenir caché dans un trou chaud, obscur, et même dans un terrier qu'il se creuserait lui-même dans une certaine quantité de terre soutenue par une petite banquette en briques.

D'ailleurs, mêmes aliments, même tenue, mêmes précautions. Mais si l'on veut profiter de la valeur de son poil, on doit le vendre, avec sa peau, à la sortie de l'hiver. Les personnes qui en ont peu, ou

qui veulent tirer meilleur parti de sa chair, vendent
sa peau séparément et n'en obtiennent guère qu'un
prix de 30 à 40 c.

L'éducation de ce lapin se ferait très-bien dans
une portion de terrain entourée de murs, bien exposée, dont le sol incliné offrirait des abris contre le
froid et l'eau. Des meules de foin et autres objets
destinés à leur nourriture seraient placés dans ce
lieu et suffiraient à leur entretien.

Le moment de la vente arrivé, on les prendrait au
filet, ou hors de leurs terriers qu'on aurait préala-
blement bouchés. Après la chasse, on laisserait ceux
qu'on destine à repeupler la garenne, pour recom-
mencer l'année suivante.

CHAPITRE XIV.

DU COCHON D'INDE OU DE MER.

Les personnes qui nous ont prié de donner quelques conseils pour l'éducation de ce petit animal,
seront tout simplement averties ici, qu'il ne vaut pas
la peine ni la dépense d'un entretien. On supporte
dans une garenne ou dans un jardin, quelques cochons d'Inde pour l'agrément ou pour varier les
espèces d'animaux que l'on élève, mais sans espérance d'en tirer aucun profit. La fécondité du cochon d'Inde est presque nulle, chaque femelle don-

nant quatre à six petits par an, en quatre ou cinq fois. Nous en conservons quelques-uns par curiosité, et nous les laissons avec les lapereaux. La grosse espèce, qui ne va pas au delà de 600 grammes en poids, n'est pas meilleure que la petite, qui est aussi la plus commune. Ce petit animal, cependant, s'engraisse fort bien, et, convenablement apprêté, quoi qu'on en dise, il donne un mets qui n'est pas à dédaigner.

CONCLUSION.

Nous avons accompli notre tâche : que l'on essaie seulement, que l'on suive pas à pas les instructions qu'on vient de lire, et nous aurons obtenu le résultat que nous ambitionnons. L'éducation du lapin domestique comptera parmi ses partisans tous ceux qui auront mis notre méthode à l'épreuve de l'expérience, parce qu'elle en est elle-même le résultat.

Qu'ils se mettent donc à l'œuvre, les ouvriers malheureux, les propriétaires gênés, les pauvres agriculteurs, rien ne coûte moins et ne rend davantage. Les trois autres petits Traités qui vont suivre (1)

---

(1) Après celui-ci, le 2ᵉ est : *De l'Éducation des Poules, des Dindes, des Oies, des Canards.*

Le 3ᵉ : *De l'Éducation des Pigeons, de quelques Oiseaux de luxe,* leur donneront une idée des ressources que peuvent leur créer toutes ces petites industries et l'amélioration de la culture.

Un auteur écrivait dernièrement que pour l'agriculture il ne fallait que des bras. Les faits et l'expérience lui ont répondu de toute part qu'il fallait de l'argent. Et d'ailleurs, ces bras, il faudrait les payer, les nourrir du moins. Dites à ce pauvre agriculteur : Pourquoi laissez-vous cette bruyère, cette lande, cette pièce en friche? — J'en ai besoin pour le troupeau, dira-t-il. — Mais, en la cultivant, vous aurez plus de luzerne qu'il ne vous en faudra. — Il pourra vous faire d'autres objections tout aussi peu solides, et il finira par vous dire : Il me faut une charrue, il me faut un cheval, il me faut du fumier, etc..., c'est-à-dire il me faut de l'argent.

Le moyen cependant de se procurer de l'argent quand on ne peut pas même faire la moindre avance pour une culture qui vous mettrait au-dessus du besoin? Ce moyen, s'il existe, doit exiger lui-même quelque avance; si faible qu'elle soit, elle suppose un fonds quelconque qu'on puisse faire valoir. Or, quelle industrie exige moins de déboursé que celle que nous proposons à ce pauvre agriculteur? Quelle

---

des Ortolans, des Oiseaux de volière et de cage, Canaris, Bouvreuils, Chardonnerets, etc.

Le 4e : De la Petite Culture, en faveur des petits propriétaires, ou moyens faciles d'augmenter le rendement des terres de labour et de jardin, en profitant des nouveaux débouchés ouverts par les voies ferrées.

industrie encore lui rendra autant en si peu de temps ? On se rappelle ce que nous avons dit : avec 9 ou 10 fr., on a cinq ou six lapines et un mâle. Voilà le déboursé, et l'année suivante le cultivateur pourra acheter la charrue; il a déjà plus de fumier ; qu'il attende encore un peu, et il achètera d'autres objets utiles, il cultivera cette terre abandonnée, et bientôt il doublera son profit : terre clapier, etc., tout lui rendra, à moins qu'il ne préfère la stupide pauvreté du sauvage indolent.

Déjà nous avons pu voir l'éducation du lapin faire naître l'aisance et le bonheur au sein de familles malheureuses; nous pourrions en rapporter une foule d'exemples (1), et nous avons la conviction

---

(1) Que le lecteur nous permette d'en citer un autre.

Nous nous occupions, il y a environ dix ans, dans le midi, à organiser une garenne d'après les principes que nous venons d'établir, et nous étions encouragé par l'exemple et par les conseils d'un magistrat, qui retirait un revenu net de plus de 1,000 fr. d'une petite garenne qu'il avait installée dans sa ferme. Sur ces entrefaites, un jeune homme de dix-huit ans, nommé Pierre, infirme, et qui, ne pouvant rien gagner, était rebuté par les siens, vint à nous pour être occupé à quelque petit travail. Le pauvre garçon, malgré l'intérêt que lui portait encore sa mère, se disposait à se séparer de sa famille pour mendier et aller mourir dans quelque hôpital.

Nous lui donnâmes quatre lapines et un mâle; de son côté, un charitable habitant de son village, sur notre prière, lui prêta une masure abandonnée, où il put élever ses lapins sans rien dire. Il ne lui fut pas difficile de cacher sa petite industrie à sa famille. Elle était habituée à le négliger personnellement; elle s'en occupa moins encore à cette époque, où elle le perdait de vue toute la journée.

Fermement résolu à se faire une position, et comme ses frères à apporter sa part de gain à sa mère, il persévéra pendant plus d'une année, ne communiquant qu'à nous ses craintes et ses espérances ;

que ce petit animal, ou quelqu'un de ceux que nous
proposons dans les autres Traités, viendront en aide
à bien d'autres encore.

Un autre heureux résultat de l'éducation du lapin
sera que le pauvre et le travailleur pourront enfin
manger de la viande, même par économie. Alors
nous nous réjouirons de voir la classe immense et
intéressante des agriculteurs améliorer ses champs
et ses produits, remplir ses devoirs avec plus d'aisance, vivre dans la paix d'une heureuse indépen-
dance, et concourir à la puissance et au bonheur
de notre belle patrie.

---

cependant, à peine quelques mois s'étaient écoulés, qu'il commença
à porter tous les samedis, au marché voisin, quelques lapins, dont
le nombre augmentait chaque jour. Il adjoignit bientôt quatre lapines aux premières, et se donnait une peine infinie pour réussir;
mais que peut-on obtenir sans travail? Le sien porta son fruit.

Le jour de se montrer arriva enfin; c'était au bout de seize
mois. Il se trouvait en possession d'une fort jolie somme, dont il
employa une partie à se vêtir très-proprement. En cet état, il vint
apporter le reste à sa mère, qui soupçonnait presque sa probité avec
le reste de la famille; mais ils eurent bientôt compris d'où prove-
nait cet argent. La joie de Pierre ne fut plus pour eux un mystère,
et ils la partagèrent de bon cœur.

FIN.

SUPPLÉMENT AU CHAPITRE Ier

De la première Edition.

COUP D'ŒIL CRITIQUE SUR LE PASSÉ.

Sur le point de publier ce petit Traité, quelqu'un nous reproche de n'avoir pas parlé d'une brochure de M. Louis Ravageaux, intitulée : *la Vraie Manière d'élever et de multiplier des lapins*. Paris, 1845. Nous ne la connaissions pas. Il est vrai de dire que nous n'avons pas mis grand empressement à lire tous les petits ouvrages qui peuvent traiter ce sujet ; ceux qui sont arrivés jusqu'à nous s'adressent surtout à la cupidité et ne contiennent aucun des détails nécessaires à la réussite d'une industrie qui repose cependant tout entière sur des soins minutieux. Voyons, toutefois, ce que va nous apprendre M. Ravageaux dans sa brochure de trente-six pages.

Tandis que M. Despouy promet 19,000 fr. de revenu net à celui qui élèvera cent lapines, M. Ravageaux se borne, nous ne savons pourquoi, à 2,000 fr. ; encore faut-il pour cela doubler le nombre des lapines. L'organisation coûteuse qu'il demande ne convient qu'à de riches propriétaires : par exemple, ses cabanes ou loges ont un double fond ; le premier, horizontal, en grillage ; le second, en zinc et incliné.

M. Despouy veut que les petits commencent à manger le douzième jour après leur naissance ; M. Ravageaux ne leur accorde cette faculté qu'au trentième, et il ne les fait sevrer qu'à six semaines, c'est-à-dire un mois après l'époque fixée par M. Despouy ; car, nous l'avons vu, ce dernier veut qu'on les sèvre à quinze jours d'âge.

Cependant, si nous avions à opter entre ces deux systèmes, nous préférerions celui de M. Ravageaux, il est du moins profitable aux petits. Mais le lecteur connaît maintenant le terme moyen qui, sans nuire aux mères ni aux lapereaux, s'accorde parfaitement avec l'intérêt de l'éleveur.

Nous ne parlerons pas davantage de ces productions inexactes et incomplètes, si ce n'est pour dire que, malgré leur manque de détails et de vues pratiques, on y trouve quelques lignes sur la castration. On nous reprochera donc à nous, qui écrivons un *Traité pratique*, de n'en pas parler.

Nous nous sommes contenté, en effet, de recommander cette opération, sans en décrire le procédé, parce que nous avons voulu, dans ce petit livre, nous adresser à tous, sans nous exposer à choquer personne ; et puis, le procédé généralement recommandé est excellent : mais il faut l'employer sur des lapereaux de quatre mois environ, faire d'un seul coup et sans tâtonner une ouverture d'un centimètre au plus et le plus loin possible de l'anneau

inguinal, et enfin extirper la glande, en tordant et
en coupant, ou simplement en arrachant, tandis que
l'on serre avec deux doigts et que l'on retient le cor-
don. L'opération ainsi faite demande une minute. Il
faut être aidé par quelqu'un qui tienne l'animal sur
ses genoux. L'on peut en expédier cent en une heure,
sans en perdre un seul et le plus souvent sans qu'ils
donnent un signe de douleur.

Nous avons fait des expériences sur deux autres
procédés, afin de déterminer lequel est le plus simple,
le plus expéditif et le plus sûr. On peut s'en tenir au
premier. Au reste, pour les personnes qui n'ont jamais opéré, de plus longues explications seraient
inutiles et ne sauraient suppléer à la pratique ou du
moins à la vue.

FIN DU SUPPLÉMENT.

(Modèles pour la comptabilité.)

REPORT DE MARS.		FEUILLE COURANTE D'AVRIL		(1842), MÉTHODE ORDINAIRE.		OBSERVATIONS.
DATE des nichées.	DATE de l'accouplement.	Nᵒˢ ET NOMS des Lapines.	DATE de la mise-bas.	DATE de la mise au mâle avec son nom.	DATE du sevrage. (nichée de févr.)	
	10	1. Aboudine..	10. (11 petits.)	A Castor, le 26-27...	Le 2.	
	1	2. Agoutine...	1. (9 id.).	A Bellérophon, le 12.		
4	9-20	3. Alcine.....	20. (7 id.).	A Osiris, le 30.......	Du 6 au 12.	
7	22	4. Amalthine .	22. (13 id.).		Du 10 au 15.	
	9	5. Arcadine...	10. (8 id.).	A Sultan, le 22-23...	Du 6 au 12.	
5	19	6. Aristine....	19. (10 id.).	A Midas, le 30.......	Du 7 au 10.	
	26	7. Astérine...	26. (4 id.).			
2	10-28	8. Baalette...	28. (14 id.).		Le 8.	
1	15	9. Barbette...	16. (12 id.).	A Sultan, le 27......	Le 1.	
3	18	10. Basilette...	18. (7 id.).	A Tantale, le 27.....	Du 4 au 8.	
17	17	11. Belette....	18. (8 id.).	A Tantale, le 30.....	Le 15.	
25		12. Bichette...		A Jeannot, le 8-9....	Du 25 au 29.	
	12	13. Blanchette.	12. (15 id.).	A Polyphème, le 27..		
	9	14. Brunette...	9. (6 id.).	A Midas, le 20......		
8	8	15. Celluline...		A Diogène, le 18-19..	Du 7 au 10.	

Tel est le modèle du tableau ou feuille courante que le directeur ou surveillant tracera chaque mois, pour y noter, jour par jour, tout ce qui doit y être noté, c'est-à-dire tout ce qui a trait à la production.

Pour tout le reste : dépenses, recettes, événements, etc..., il le relatera aussi, jour par jour et par ordre, sur un cahier ou journal.

Ces deux dépôts de notes : *feuille* et journal, lui serviront à établir son mois au grand livre ou livret de la garenne.

Chaque lapine et chaque commun y auront un chapitre particulier, et même chaque mâle ; et, à toutes les fins de mois, on y inscrira : 1º le dépouillement de la feuille courante, pour les femelles et pour l'entrée des lapereaux au sevrage ; 2º le dépouillement du journal pour les mutations, les morts, les ventes, les mises en production ; et on réglera chacun des chapitres : sevrage, primins, secondins, tiercins, quartins, adultes, réserves et engrais, par une balance d'entrée et de sortie.

A la fin du livret, on ouvre des comptes pour les divers chapitres des dépenses et pour les recettes.

C'est une véritable comptabilité, une tenue de livres. Ainsi, on se rend compte de ce que l'on fait. et on ne marche pas dans les ténèbres de l'incurie, qui engloutissent chaque jour dans un abîme des industries que la lumière de la comptabilité et la vigilance eussent rendues lucratives et prospères.

Dans le cas où l'on conserverait en réserve un nombre de lapines égal à celui qui est en loges, on n'aurait qu'à doubler le nombre des colonnes sur le livret et sur les feuilles courantes, ou mieux à doubler les lignes, afin d'inscrire, à chaque numéro, la lapine en loge et celle qui est surnuméraire, et de pouvoir noter les mises au mâle et les portées de chacune d'elles. Exemple :

REPORT DE JUIN.		FEUILLE COURANTE DE JUILLET 1848 MÉTHODE SURNUMÉRAIRE.			
DATE des nichées.	DATE des accouplements.	NUMÉROS et noms des lapines.	DATES des mises-bas.	DATES des mises au mâle.	DATE du sevrage
9 (15)	12	28 { Égéonie .	12 (11)		
		Égéone...		Tamerlan, 10	10 (12)
7 (12)	12	29 { Egérie....	13 (8)		
		Egérione		Attila, 7.	7 (9)
6 (6)	10	30 { Enéie....	10 (9)		
		Enéone ..		T., le 7.	7 (6)
1 (10)		31 { Ericie		Osiris, le 2,	2 (9)
	4	Erigone..	4 (9)		
	9	32 { Euménie	9 (9)		
6 (9)		Euméone		Hermès, 7.	7 (8)

Mais si l'on ne gardait les lapines en loges particulières que pour une seule nichée, c'est-à-dire si l'on voulait les faire produire avant de les porter au marché, alors la tenue des notes et des feuilles courantes reviendrait à la méthode ordinaire. Dans ce cas, plus on aurait de mâles, quinze, vingt, par exemple, mieux on réussirait. Les lapines extraites des loges communes de réserve, à l'âge de six mois, y seraient remises ensemble aussitôt après avoir pris le mâle et placées en loges deux ou trois jours avant la mise-bas (1). Ainsi, sur cinquante loges, on compterait toujours environ cinquante nichées chaque mois ou toutes les cinq semaines. Rien n'empêcherait d'en mettre chaque fois quelques-unes de plus aux mâles, afin de suppléer à celles qui pourraient n'être pas fécondées. On comprend que dès lors les produits seraient bien plus considérables. Au reste, chaque éleveur peut combiner toutes ces méthodes et les modifier selon ses vues.

Enfin, pour compléter notre œuvre, nous n'avons plus qu'à donner un règlement. Nous pensons que les personnes qui voudront se livrer à l'éducation du lapin y verront avec plaisir la distribution et l'ordre des diverses occupations de la journée ; nous achèverons ainsi de répondre aux désirs de celles qui nous l'ont demandé.

---

(1) Il va sans dire qu'on peut remettre les lapines dans les loges de réserve, après le sevrage et leur mise au mâle, pendant le mois de leur gestation.

RÈGLEMENT.

Éviter le bruit et tout ce qui peut troubler les lapines, comme la présence d'un chien, etc.

Entretenir de la litière propre et sèche dans toutes les loges, en y jetant un peu de paille ou de mauvais foin dans l'intervalle des nettoyages.

Varier les vivres de manière à ne pas donner la même chose plusieurs jours de suite aux communs, et même plusieurs repas de suite aux nourrices et au sevrage.

On fera la première distribution l'été à cinq heures du matin, et l'hiver à sept heures. (Il faut environ une heure à une personne pour faire la distribution dans un établissement de cinquante lapines.) Nous conseillons, d'après notre expérience, de ne donner que deux repas par jour aux communs de trois mois et plus, et même aux mâles. On fera ensuite la visite des nichées, de manière à voir toutes les nouvelles et une partie des autres, pour qu'elles soient toutes examinées, de trois en trois jours, par section ou par salle.

Aussitôt après, on retirera des mâles les femelles qui y sont, ou l'on y mettra celles qui sont désignées.

Puis, on retirera d'auprès de leurs mères les lapereaux qui doivent être sevrés.

On nettoyera les loges des lapines deux ou trois jours avant qu'elles mettent bas, sans compter les autres nettoyages, et on y placera les cases à nicher.

Le reste de la matinée se passera à des soins de propreté générale, d'entretien, de surveillance, etc.

A onze heures, on placera dans chaque salle les diverses substances qui doivent être distribuées ; à midi, on préparera celles qui doivent l'être, on videra tous les râteliers pour en jeter les restes dans un coin de quelque compartiment où sont des lapins adultes qui en profiteront. Enfin, on retirera les branches d'arbre données la veille.

A midi, on fera, en tout temps, la seconde distribution, après laquelle on balayera. Les balayures seront ensuite jetées dans quelque compartiment, parce que les lapins y trouvent toujours quelques herbes et quelques débris à manger.

On fera les diverses mutations exigées par l'avancement successif des lapereaux, d'un compartiment à un autre, suivant les âges, les époques et les besoins des divers communs, des loges communes, des réserves, de l'engrais, etc...

On coupera les lapereaux de quatre mois et plus, en observant de ne pas faire cette petite opération par des temps trop chauds, ou chauds et humides.

Vient ensuite le nettoyage des communs et autres compartiments qui en auraient besoin.

On déposera dans chaque salle les diverses substances qu'on doit donner le soir.

A cinq heures, en hiver, on fera la troisième distri-

bution, après laquelle on préparera celle du lendemain.

En été, on ne fait la distribution qu'à sept heures,
et l'on peut employer les deux heures libres à la
culture et à l'entretien du jardin de la garenne.

Enfin, après la distribution du soir et la préparation des vivres du lendemain, on vaquera aux occupations qui peuvent survenir, et on terminera en
mettant au net les notes de la journée.

FIN DU RÈGLEMENT.

TABLE DES MATIÈRES.

Bibliothèque rurale,

Publiée par les rédacteurs de l'*Agriculteur praticien* (1).

Auguste GOIN, éditeur,

QUAI DES GRANDS-AUGUSTINS, 41.

TRAITÉ COMPLET

DE

MÉCANIQUE AGRICOLE

PAR

J. GRANDVOINNET,

Ingénieur,
Professeur de Génie rural à l'Ecole impériale d'agriculture
de Grignon.

---

*Ouvrage destiné aux Elèves des Ecoles d'agriculture
et des Ecoles normales primaires,
aux fermiers,
aux propriétaires et aux constructeurs d'instruments.*

L'abrégé d'une science n'est plus une science.

Un des faits les plus importants de notre époque
est le grand perfectionnement apporté dans la géné-
ralité des industries, sous le rapport de la prompti-
tude et du fini de l'exécution.

Si l'agriculture, la première industrie, la produc-

---

(1) L'AGRICULTEUR PRATICIEN, *Revue de l'agriculture française
et étrangère*, paraissant, les 10 et 25 de chaque mois, par livraison
de 24 pages, avec gravures dans le texte. Prix de l'abonnement
our l'année. . . . .   6 fr.

trice des objets de première nécessité, est de beaucoup au-dessous des industries de second ordre et même des industries de luxe, l'absence des machines perfectionnées est pour beaucoup dans cette infériorité. Seule industrie où la production soit toujours au-dessous du besoin, l'agriculture n'a pas encore sérieusement cherché à profiter des progrès de la science mécanique pour augmenter la somme de ses produits et en diminuer le prix de revient. On peut attribuer, en partie, ce retard si contraire aux besoins de l'accroissement de la population, au manque d'ouvrages spéciaux de mécanique agricole.

Où le laboureur trouvera-t-il les principes propres à le guider dans le choix d'une charrue au milieu du nombre fabuleux de ces instruments ? La même incertitude se présente pour lui dans les autres appareils, houes, machines à battre, etc.

Le constructeur lui-même marche souvent au hasard, sans principes arrêtés, et ne peut que copier des instruments défectueux que l'habitude seule fait vendre.

Nous essayons de combler en partie cette lacune par l'ouvrage dont nous donnons ici la division :

PREMIÈRE PARTIE. — Principes de mécanique rationnelle et de mécanique générale appliquée.

DEUXIÈME PARTIE. — Machines agricoles.

Ces deux divisions paraîtront simultanément, en trois séries de la manière suivante :

Première série.

1re LIVRAISON. — Du mouvement et de ses causes.

4e LIVRAISON. — Des charrues. — *Détails* et modèles divers.

Deuxième série.

2e LIVRAISON. — Des forces et de leur travail.

5e LIVRAISON. — Des instruments de division et de compression du sol. — Des instruments propres à la récolte : moissonneuses, charettes, chariots, etc.

Troisième série.

3e LIVRAISON. — Mécanique matérielle : de l'assujettissement et des machines simples.

6ᵉ Livraison. — Des instruments pour la préparation des récoltes : machines à battre, tarares, trieurs, coupes-racine, concasseurs.

La publication est faite ainsi dans le but d'allier la théorie à la pratique et de satisfaire à l'ordre de l'enseignement suivi à l'Ecole impériale d'agriculture de Grignon.

Chaque série, non divisible, sera du prix de 3 fr. 50.

EXTRAIT
DU
Catalogue de la Librairie centrale d'Agriculture et de Jardinage.

AGRICULTURE.

Agriculteur praticien (L'), *Revue de l'Agriculture française et étrangère,* 3ᵉ année. Prix de l'abonnement.   6 fr.
La 1ʳᵉ et la 2ᵉ année, ensemble.   10 fr.
Chaque année séparément.   6 fr.
Almanach du Fermier pour 1856. In-18 fig.   50 c.
Cultures dérobées (*Des*), comme fourrages et engrais verts en général, et de la culture de la *Moutarde blanche* en particulier, tr. de l'anglais et annoté par J. A. G. 1 vol. in-18 avec fig., 1 f.. 25
Engrais (*Des*) en général et spécialement de la manière de traiter les fumiers et le purin pour en conserver toute la valeur fertilisante, suivi de la manière de traiter les matières fécales, par M. Greff. In-8º.   40 c.
Engrais (*Des*), ou l'Art d'améliorer les plus mauvaises terres par les amendements et les engrais de toute nature, par Ducoin. In-18.   1 fr. 25 c.
Irrigation (*Manuel d'*), par Deby. In-18, 100 fig.   1 fr. 50 c.
Irrigations (*Petit traité des*), par James Donald, traduit par A. de Frarière. In-18 avec fig.   50 c.
Laiterie (*La*), suivie de la fabrication des fromages, par A. de Thier. 1 vol. in-18 avec fig.   75 c.
Maïs et Sorgho sucré (*Alcoolisation des tiges du*). — Alcool. — Cidre. — Bière. — Vins artificiels, par Duret, chimiste. In-18.   75 c.
Maïs (*Du*), de sa culture et des divers emplois dont il est susceptible, par Keene et A. de Thier. In-18.   30 c.
Moutons (*Guide de l'éleveur et de l'engraisseur de*), par J.-J. Legendre, propriétaire-cultivateur. 1 vol. in-18.   1 fr.
Porcheries (*De l'établissement des*), dispositions diverses, construction, par J. Grandvoinnet, professeur de génie rural à Grignon. 1 vol. in-18 avec un grand nombre de figures dans le texte. *(Sous presse.)*

Porcs (*Du traitement des*) aux différentes époques de l'année, en santé et maladie, etc. Extrait des meilleurs ouvrages anglais, par J.-A. G. 1 vol. in-18 avec 30 fig. dans le texte.   1 fr. 25 c.

Topinambour (*Du*). Culture, alcoolisation, panification de ce tubercule, par Delbetz, cultivateur. 1 vol. in-18.   1 fr. 25 c.

Vers à soie (*Manière la plus profitable d'élever les*), et sur les moyens de prévenir et guérir la muscardine, par le docteur Bassi ; traduit de l'italien, par F. Cazalis, médecin. In-8°.   1 fr.

SOUS PRESSE :

Traité des basses-cours et de la petite culture, par le P. Alexis Espanet.

Ce *Traité* sera divisé en quatre volumes in-18, qui auront pour titre :

Le 1er : *De l'Éducation du Lapin domestique*, 2e édition.

Le 2e : *De l'Éducation des Poules, des Dindes, des Oies, des Canards*.

Le 3e : *De l'Éducation des Pigeons, de quelques Oiseaux de luxe, des Ortolans, des Oiseaux de volière et de cage, Canaris, Bouvreuils, Chardonnerets*, etc.

Le 4e : *De la Petite Culture, en faveur des petits propriétaires, ou moyens faciles d'augmenter le rendement des terres de labour et de jardin, en profitant des nouveaux débouchés ouverts par les voies ferrées*.

JARDINAGE.

Almanach du jardinier-fleuriste, pour 1856, suivi de quelques notes sur le jardin potager ; 3e année. 1 vol. in-18 avec fig. dans le texte.   50 c.

Arboriculture (*Pratique raisonnée de l'*), par Picot-Amette, horticulteur. 1 vol. in-18 avec 12 planches.   2 fr. 50 c.

Arbres fruitiers (*Instruction élémentaire sur la taille des*), par Lachaume. 1 vol. in-18 orné de 20 fig. dans le texte.   75 c.

Asperges (*Instruction pratique sur la plantation des*), par Bossin, 2e édition. 1 vol. in-18.   75 c.

Camellias (*Traité de la culture des*), par J. de Jonghe ; 2e édition. 1 vol. in-18.   1 fr.

Jardinier-Fleuriste pour 1856 (*Guide du*), ou *Instructions pratiques* sur la culture des plantes de pleine terre, annuelles et bisannuelles, vivaces, arbustes et arbrisseaux ; par J. Lachaume, ancien jardinier en chef de Petit-Bourg. 1 vol. in-18 orné d'un très-grand nombre de fig. dans le texte.   3 fr. 50 c.

Melons (*Culture des*). Méthode simple et précise pour obtenir les melons d'une grosseur extraordinaire, etc., par Dufour de Villerose. 1 v. in-18 avec 5 grav. pour l'explicat. des tailles. 75 c.

Pêcher en espalier (*Instructions pratiques sur la culture du*), par Lasnier, horticulteur. In-18.   50 c.

Évreux, A. Hérissey, imprimeur. — 556.